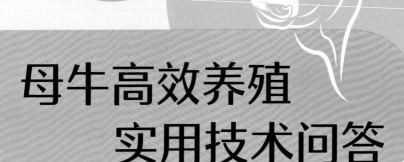

母牛高效养殖
实用技术问答

主　审　谭支良

主　编　张佰忠　宋（□）

副主编　段洪峰　张翠永　朱立军　秦　茂

编写人员（以姓氏笔画排序）

邓荟芬　田德清　冯小花　向胜超　刘　勇

刘秀凤　刘海林　李　雄　李　微　李昊帮

李剑波　李晒阳　李海山　张仁富　陈有生

易康乐　秦世新　唐冬林　涂　雷　鲁生万

谭智慧

湖南科学技术出版社

前　　言

　　我国在全面建成小康社会、实现第一个百年奋斗目标后，从2020年到2035年，开启全面向第二个百年奋斗目标进军的新发展阶段。全社会对健康产品的需求日益多元化、差异化和个性化，肉蛋奶等动物性产品在我国居民膳食结构中的消费量逐年增加，人们对动物性产品质量的要求越来越高。近10年来，牛肉在国民动物性产品消费结构中所占比重逐渐提升，牛肉的价格也一直呈现稳步上涨趋势，肉牛养殖的效益越来越好，老百姓养牛的热情也越来越高。但是，母牛养殖对饲养管理要求高，养殖技术难度较大，成本难以控制，导致养殖母牛的收益不理想，母牛存栏量呈下降趋势，严重制约了肉牛养殖的可持续健康发展。因此，湖南省草食动物产业技术体系组织专家编写了本书，旨在为母牛养殖户、家庭牧场、中小规模母牛养殖场的技术人员和管理人员提供一本实用的参考书，进一步推广科学、高效的母牛饲养技术。本书用通俗易懂的文字、生动形象的图片，以问答的形式，讲解了母牛饲养管理、繁殖、品种改良、疾病防治等生产中常见的问题，并介绍了目前肉牛养殖的前景及主要盈利模式等内容，实用性和可操作性强，是各级畜牧技术推广人员和肉牛养殖场生产管理人员的实用参考书。

在编写过程中，作者参考了国内外大量的文献资料，同时得到湖南省畜牧兽医研究所、湖南光大牧业有限公司等单位的大力支持，肉牛养殖从业者热心提供了大量图片，在此一并表示衷心感谢。由于编者水平有限，若有疏漏和不妥之处，敬请同行和读者批评指正。

编　者

2021 年 5 月

目　　录

一、母牛养殖实用技术 ……………………………………… 1

1. 母牛养殖选什么品种好? ……………………………… 1

2. 母牛保持什么膘情合适? ……………………………… 2

3. 母牛如何留种? ………………………………………… 3

4. 怀孕母牛如何饲养管理? ……………………………… 3

5. 母牛流产征兆有哪些? 出现流产征兆怎么办? ……… 4

6. 如何防止怀孕母牛流产? ……………………………… 4

7. 母牛分娩症状有哪些? ………………………………… 5

8. 什么情况时需要人工助产? …………………………… 6

9. 如何进行人工助产? …………………………………… 6

10. 母牛产后为什么要灌服营养液? 如何灌服? ……… 8

11. 什么是母牛胎衣不下? ……………………………… 9

12. 如何预防产后瘫痪? ………………………………… 9

13. 产房常用的消毒剂有哪些? ………………………… 10

14. 为什么母牛产犊后要坐"月子"? …………………… 11

15. 新生犊牛为什么要早喂初乳? 初乳怎么饲喂? …… 11

16. 为什么犊牛要早期断奶? 犊牛怎样进行早期断奶? …… 12

17. 如何加强犊牛饲养管理? …………………………… 13

18. 母牛舍的环境如何保持? …………………………… 13

19. 母牛养殖模式放牧好还是舍饲好? ………………… 14

20. 母牛如何进行放牧? ………………………………… 14

21. 圈养母牛应注意哪些事项? ………………………… 15

22. 母牛为什么要多吃粗料? ……………………… 16

23. 母牛为什么要补精料? 在什么情况下补充精料? … 17

24. 母牛精料为什么需要添加预混料? …………… 18

25. 夏天母牛怎么饲喂? …………………………… 18

26. 冬天母牛怎么饲喂? …………………………… 19

27. 如何解决冬季缺草料问题? …………………… 20

28. 母牛养殖种植什么牧草合适? ………………… 21

29. 为什么牛不能喂霉变饲料? …………………… 23

30. 母牛喂啤酒糟可以吗? 怎么喂? ……………… 24

31. 母牛可以喂尿素吗? 怎么喂? ………………… 24

32. 喂尿素中毒怎么办? …………………………… 26

33. 为什么不能喂给繁殖母牛白酒糟? …………… 26

34. 为什么母牛产犊前后容易生病? 应注意哪些事项?
    …………………………………………………… 27

35. 引进母牛应注意哪些事项? …………………… 28

36. 母牛草料应如何搭配? ………………………… 28

37. 如何做到母牛一年一胎? ……………………… 29

38. 母牛奶水不足怎么办? ………………………… 30

39. 母牛栏舍怎么建? ……………………………… 30

40. 青贮应注意哪些事项? ………………………… 32

41. 母牛一般利用年限有多久? …………………… 36

42. 牛的年龄怎么判断? …………………………… 36

二、母牛繁殖实用技术 ……………………………… 39

1. 初产母牛什么时候开始配种? ………………… 39

2. 为什么有些母牛到初情期不发情? 如何处理? … 39

3. 母牛不发情怎么办? …………………………… 40

4. 母牛产后什么时候开始配种? ………………… 41

5. 母牛发情后有出血是否正常？ ………………… 42

6. 母牛常用催情激素有哪些？ …………………… 42

7. 如何观察母牛发情？ …………………………… 46

8. 什么是牛的人工授精？ ………………………… 48

9. 人工授精有哪些好处？ ………………………… 49

10. 如何选配公牛品种？ ………………………… 50

11. 同一品种的优秀公牛怎么选？ ……………… 51

12. 如何做好繁殖记录？ ………………………… 53

13. 如何判断母牛是否怀孕？ …………………… 54

14. 妊娠母牛是否有发情表现？ ………………… 55

15. 母牛正常的繁殖指标是多少？ ……………… 55

16. 母牛妊娠期多长？如何推算预产期？ ……… 56

17. 什么是同期发情？主要方法有哪些？ ……… 56

18. 同期发情有何优点与作用？ ………………… 57

19. 能否人为控制犊牛性别？ …………………… 58

20. 各品种杂交牛表现如何？ …………………… 58

21. 母牛配种有哪几种方法？各有何优缺点？ … 59

22. 如何建立品改站？ …………………………… 60

23. 母牛最佳配种时间是什么时候？ …………… 61

24. 如何提高母牛人工授精受胎率？ …………… 62

25. 引起母牛繁殖障碍有哪些原因？ …………… 64

26. 如何预防母牛繁殖障碍？ …………………… 65

27. 母牛屡配不孕怎么处理？ …………………… 65

28. 如何防止近亲繁殖？ ………………………… 66

29. 牛有多胎吗？产双胞胎怎么办？ …………… 66

三、母牛疾病防治技术 ……………………………… 68

1. 如何观察牛的几项正常生理指标？ ………… 68

2. 怎样给牛测体温？ …………………………………… 68

3. 怎样观察牛咳嗽？ …………………………………… 70

4. 怎样观察牛反刍？ …………………………………… 70

5. 怎样观察牛嗳气？ …………………………………… 71

6. 怎样检查牛的眼结膜？ ……………………………… 71

7. 怎样检查牛的呼吸数？ ……………………………… 72

8. 怎样检查牛的呼吸方式？ …………………………… 72

9. 如何检查牛的脉搏数？ ……………………………… 73

10. 怎样看牛的鼻液是否正常？ ………………………… 73

11. 怎样检查牛的口腔，检查时应注意哪些事项？ …… 75

12. 怎样看牛排粪是否正常？ …………………………… 76

13. 如何进行尿液感观检查？ …………………………… 78

14. 怎样给牛进行皮下、皮内注射？ …………………… 78

15. 怎样给牛进行肌内注射？ …………………………… 80

16. 怎样给牛进行静脉注射？ …………………………… 80

17. 怎样给牛进行乳腺内注射？ ………………………… 81

18. 如何给牛做子宫冲洗术？ …………………………… 82

19. 如何给牛灌服用药？ ………………………………… 84

20. 为什么新购的牛容易生病？ ………………………… 84

21. 如何减少肉牛长途运输应激反应？ ………………… 86

22. 牛瘤胃臌气是如何发生的？临床表现及防治措施是什么？
    …………………………………………………………… 87

23. 如何防治牛瘤胃积食？ ……………………………… 89

24. 如何防治牛前胃弛缓？ ……………………………… 89

25. 如何防治牛创伤性网胃腹膜炎？ …………………… 91

26. 如何防治牛瓣胃阻塞？ ……………………………… 91

27. 如何治疗皱胃阻塞？ ………………………………… 93

28. 牛感冒是如何发生的？有何临床表现？怎么防治？ …… 94

29. 怎样治疗牛子宫内膜炎？ ……………………… 94

30. 如何防治牛胎衣不下？ ………………………… 95

31. 如何治疗犊牛脐带炎？ ………………………… 96

32. 如何治疗牛乳房炎？ …………………………… 97

33. 母牛卧地不起综合征是如何发生的？有何临床表现？
如何治疗？ ……………………………………… 98

34. 为什么要给牛定期驱虫？如何驱虫？ ………… 99

35. 牛场消毒包括哪些内容？ ……………………… 99

36. 为什么每年要给牛打疫苗？牛疫苗免疫接种的程序有
哪些？ …………………………………………… 100

37. 如何治疗牛蜱虫病？ …………………………… 101

38. 如何治疗牛泰勒虫病（焦虫病）？ …………… 103

39. 如何防治牛疥螨病和痒螨病？ ………………… 103

40. 母牛怀孕期能否驱虫？ ………………………… 104

41. 如何做好牛结节病防控工作？ ………………… 105

42. 有机磷农药中毒怎么办？ ……………………… 107

43. 喂霉变饲料饲草有什么害处？ ………………… 108

44. 如何防治犊牛腹泻？ …………………………… 109

45. 母牛流产后有哪些护理方法？ ………………… 110

46. 如何治疗子宫脱出？ …………………………… 111

47. 购牛时是否需要进行布氏杆菌病、结核病检疫工作？
如何检疫？ ……………………………………… 114

48. 生产过程中牛布氏杆菌病怎么防控？ ………… 116

49. 牛场发生传染病怎么办？ ……………………… 117

50. 牛场苍蝇蚊子多怎么办？ ……………………… 118

51. 牛场废弃物怎么处理？ ………………………… 120

52. 牛异食癖产生的原因？如何防治？ …………… 120

53. 牛肩关节脱位怎样治疗？ ……………………… 122

54. 牛患有脓肿如何治疗? ···························· 123

55. 为什么要给牛修蹄? ···························· 126

56. 如何治疗牛蹄病? ···························· 129

57. 什么是牛猝死症? ···························· 130

四、当前肉牛养殖前景及主要盈利模式 ···························· 131

  1. 肉牛养殖优势在哪里? ···························· 131

  2. 养牛不赚钱的主要原因有哪些? ···························· 132

  3. 肉牛养殖主要盈利模式有哪几种? 有哪些案例? ··· 134

  4. 肉牛养殖主要盈利模式应注意哪些问题? ············ 136

  5. 提高牛场经济效益的主要措施和途径有哪些? ······ 138

一、母牛养殖实用技术

1. 母牛养殖选什么品种好?

肉牛常见的外来牛品种有西门塔尔牛、安格斯牛、德国黄牛、利木赞牛、夏洛来牛、摩拉水牛等,地方品种有湘西黄牛、湘南黄牛、秦川牛、鲁西牛、南阳牛、滨湖水牛等。

养母牛选种不是一定个体越大越好,也不是一定选本地牛好,应根据当地的地理特征、环境资源、市场需求、养殖模式等情况,综合分析各品种的适应性、生产力等特点,选择最合适的品种。一般养母牛,放牧草场条件好、草场坡度小的选择西门塔尔杂交母牛较好;放牧草场条件一般、草场坡度大的选择安格斯杂交母牛或繁殖能力强、个体大的本地母牛较好;如是舍饲养母牛的,选择高代西门塔尔杂交母牛较好;湖区或水系发达的地方,可以选摩拉杂交水牛;如品牌或销售特别需要,可以选择适宜区域目标定位的地方肉牛品种。目前我省主要以西门塔尔杂交

西门塔尔杂交牛(一代、三代)

红安格斯杂交牛(二代)

1

牛和安格斯杂交牛为主。

2. 母牛保持什么膘情合适？

　　繁殖母牛的任务有两个，一是每年产一个犊牛，并且产足够的乳供应犊牛吃 4 个月；另外一个就是养活自己，寿命 8～10 年，产 6～8 头犊牛。母牛不能过瘦，也不能过肥，母牛过肥，既浪费饲料又不好怀孕；母牛过瘦不好怀孕还影响经济寿命；母牛不肥不瘦（七八分膘）才是最合适的膘情。母牛理想的膘情是在静立状态下，从后侧方观察，刚好能看出其后面的 2～3 根肋骨，这样的膘情能够满足母牛的繁殖和生产需要。看到一根或看不到肋骨是过肥；看到四根是偏瘦，看到五根是过瘦。要注意防止妊娠母牛过肥，尤其是青年头胎母牛，以免发生难产。

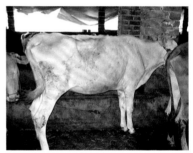

偏瘦

适中

偏胖

2

3. 母牛如何留种？

母牛对于养殖场来说是生产的基础，母牛的品种资源和生产力好与坏，影响着养牛场的发展水平，如何选好后备母牛至关重要，对后备母牛的选留，可以从以下几方面考虑：

一是要选体躯高大、身体健壮、无疫病、生长快、产仔率高的母牛所产的小母牛。

二是要选性格温顺、容易接近、能驯服的小母牛。

三是要选前躯高大，背宽腰长，后躯短而臀齐，肌肉饱满，前胸宽深，脚蹄粗壮，行走有力，蹄壳光亮的小母牛。

四是要选眼睛灵活有神，眼珠圆而鼓，耳朵薄而爱活动，鼻孔大而无涕，口色鲜红而口中黏液少，齿细而有力，舌粗，颈部清秀的母牛。

五是要选繁殖能力强，一年一胎或产双胞胎较大个体的母牛。

4. 怀孕母牛如何饲养管理？

母牛在怀孕后，摄入的营养不仅仅是满足自身生长的营养需求，还要满足胚胎生长需求以及为产后的泌乳做营养储备，其饲养管理非常的重要。

（1）精细饲养：在妊娠初期，胚胎的生长较为缓慢，所以这时的饲养要注意不要过肥，只要达到空怀期的标准即可，但要注意营养均衡，禁止饲喂冰冻、发霉、变质、含酒精酒糟的食物，以免引起早期胚胎死亡或胎儿畸形。放牧牛在枯草季节，因缺少青草，牛缺少维生素A，应饲喂些胡萝卜或在饲料中添加维生素A。到了妊娠中后期，胚胎的生长发育速度开始不断加快，尤其是在最后的 2～3 个月，胎儿生长速度快，这时就需加大喂食量，提供充足的营养物质，确保满足胚胎生长发育所需。除了正常的喂食，每天需加喂 1～2 千克的精饲料，按照母牛的实际状况合理搭配，精料自配比例可参考玉米 55％、豆粕饼 20％、麦麸 10％、棉籽饼 5％、菜籽饼 5％、预混料 5％配方配比。在饲喂中要注意两个问题，一是要避免饲喂过度，因为饲喂过度易造成母牛难产现象；二是要在粗料中减少稻草的饲喂，因为稻草难以消化，营养差，大量饲喂母牛容易出现产后站不起现象。

（2）合理运动：圈养的牛怀孕中后期每天要赶牛在外面适当运动，增强体质，防止难产。

5. 母牛流产征兆有哪些？出现流产征兆怎么办？

母牛在怀孕时如果饲养管理不当，极易出现流产的现象。一般在妊娠初期流产前兆有阴道流出黏液血，不断回顾腹部，坐卧不安；而在妊娠后期流产前兆为乳腺肿大，屡做排尿姿势。如发生流产，不仅会影响以后的产仔率，还会对母牛的身体造成伤害。

一旦发现母牛出现流产征兆，可用每头牛肌内注射硫酸阿托品 5 支，同时肌内注射孕酮 150 毫克的方法来防治。

6. 如何防止怀孕母牛流产？

在生产实践中防止怀孕母牛流产，应注意以下几个方面：

（1）将妊娠后期的母牛同其他牛群分群，单独放牧在附近的草场。

（2）为防止母牛之间互相挤撞，放牧时不要鞭打驱赶，以防惊群。

（3）雨天不要放牧和进行驱赶运动，防止滑倒。

（4）不要在有露水的草场上放牧，也不要让牛采食大量易产气的幼嫩豆科牧草，不采食霉变饲料，不饮带冰碴的水。

（5）母牛怀孕最后一个月应停止使役，放牧时切忌把牛赶到过高过陡的山坡或崎岖不平的山冈处，注意防寒风暴雨侵袭。

（6）驱虫应注意，不少驱虫药物虽然标有孕畜可用，但仍需要谨慎。因为打针抓牛或驱虫药中的毒性都可造成牛流产，特别是怀孕早期45天和临产前30天一定要避免使用驱虫药物，通常将驱虫时间放在母牛产犊后5天左右或母牛空怀期。

7. 母牛分娩症状有哪些？

随着胎儿发育成熟和产期的临近，母牛在临产前要发生一系列变化，根据这些变化，可估计分娩的时间，提前做好接产准备，是提高产犊的成活率的重要环节。

（1）乳房膨大：母牛乳房在产前15天左右开始膨大，临产前可以从前两个乳头中挤出黏稠、淡黄色的液汁；产前2～3天，乳房发红、肿胀，乳头皮肤胀紧，小皱纹消失，出现浮肿；当能挤出乳白色的乳汁时，1～2天内就会产犊了。

（2）外阴部肿胀：怀孕后期，母牛的阴唇逐渐肿胀，松弛变得柔软且皱褶展平，产犊前1～2天，透明的黏液流出阴门。

（3）韧带松弛：临产牛骨盆韧带软化，尾根两侧凹陷明显，这是临产前的主要症状；临产前几小时，母牛时起时卧，站立不安，头不时向后回顾腹部，出气短粗，子宫颈开始扩张，母牛发生阵缩，不断排尿和排粪，即到临产，此时应做好接产准备。

8. 什么情况时需要人工助产？

母牛产犊就意味着养殖产生了经济效益，因此养殖场对母牛产犊非常重视，在母牛临产时白天、夜晚会不间断地看守，怕母牛在生产时发生意外，这种做法是很正确的。但有些养殖户在母牛生产时，为了让犊牛尽快产出，在母牛生产初期就开始进行人工助产，想让犊牛尽早产出，减少母牛生产时间和母牛的痛苦，避免犊牛发生窒息死亡等。其实母牛在生产过程中，不要人为过早参与，母牛没有难产或胎位不正，绝大部分是能自然分娩的，干预太早是弊大于利的。在出现以下情况时需要人工助产：

（1）出现分娩症状5～6小时后仍未分娩出犊牛的；

（2）明显努责（阵缩）发生后3～4小时仍未分娩的；

（3）尿囊破裂2～3小时后，或者羊膜破1小时后未娩出犊牛的；

（4）犊牛前肢（或后肢）露出外阴后1小时未娩出犊牛的；

（5）分娩时检查胎位不正的，如只看到一只脚、前肢或后肢向后弯曲卡在骨盆腔内、头颈弯曲卡在产道等情况。

9. 如何进行人工助产？

母牛分娩时遇到犊牛无法正常分娩的情况，应及时采取正确的处理措施，保证胎儿和母牛的安全，减少经济损失。

（1）观察待产牛：看看预产期母牛是否出现临床分娩征兆，对处于分娩期的母牛专人看护，记录其开始努责的时间和频率，做好接产准备。

（2）检查：当母牛羊膜囊破裂，羊水流出后，母牛自行分娩1小时未有进展的，要及时检查，检查人员对母牛的外阴部清洗和消毒，手臂消毒润滑，伸入产道检查子宫颈的开张程度、胎位。对子宫颈开张不完全的给予注射己烯雌酚，胎位不正的及时纠正。

（3）接产：正常情况是尽量让母牛自然分娩，牛犊产下来及时去除其身上的黏液，清除犊牛口中的黏液，用碘酊等对脐带做好消毒处理。

（4）助产：将母牛保定，站立或侧卧保定都可以。所需器械应做好消毒，用备好的产科绳和助产器。将胎儿露出部分及母畜的会阴、尾根洗净消毒。对头胎牛、胎儿较大、胎位不正、倒生时，适当给予人工助产。胎儿姿势不正，头颈侧弯、胎儿两腿已伸出产道，而头颈弯向一侧，或头进入产道，一腿或两腿弯曲，不能产出，操作者将手臂伸入产道检查即可摸出，助产前要把胎儿送回产道深处或子宫腔内，再矫正胎儿的方向、位置、姿势。为了滑润产道和保护黏膜，对难产母牛的产道可注入消毒过的石蜡油等润滑剂，助产牵拉胎儿时，操作者配合母牛努责的频率指导其他助手牵拉胎儿的力量、方向和时间，以免损伤产道。对于矫正胎位无望以及子宫颈狭窄、骨盆狭窄，应及时进行剖腹取胎手术；对胎儿已经死亡或确定产出无望者，可用隐刃刀或绞胎器肢解死胎后分块取出。此时一定要注意产道的保护和助产者自行防护，避免引起母牛产道和助产人员的损伤。

前产式（正生）　　　　　　　后产式（倒生）

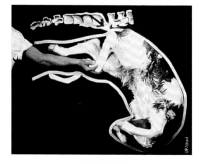

| 胎位不正 | 胎位不正 |

（5）分娩后要注意产后监护：观察母牛是否能站起，有无子宫出血和脱出。产后最好用药，一般肌内注射 60～100 单位缩宫素，促进胎衣及时排出，有利于母牛产后康复。

10. 母牛产后为什么要灌服营养液？如何灌服？

母牛产后灌服营养液有以下几个好处：

（1）补充能量等营养物质，促进母牛恢复体能和体力；

（2）促进产后胎衣排出，预防产后疾病；

（3）预防产后牛真胃移位。

母牛产后灌服营养液可在分娩后 1 小时内用 15～20 千克（38℃左右）水加 1～2 千克麦麸皮和 0.5 千克红糖灌服，也可购买专用的牛产后灌服料，该产品一般含有益生菌、复合维生素、钙、钾、镁等多种成

牛专用灌服器

分，牛服用后可缓解牛产后应激反应、提高免疫力，降低牛产乳热、胎衣不下、酮病等代谢疾病的发生。

灌服可以采用传统的小竹筒灌服，也可采用专用的产后灌服器，灌服时注意不要让药物进入气管。

11. 什么是母牛胎衣不下？

胎衣不下又称胎衣滞留，指母牛产后 12 小时内全部或主要部分胎衣没有排出体外的病理异常现象，这与牛胎盘组织结构有关，牛的胎盘组织多属上皮绒毛膜和结缔组织绒毛膜混合型，胎儿胎盘和母体胎盘联系紧密，当产后子宫收缩无力时，二者不能分离，就导致胎衣不下，发病率约占健康分娩牛的 5%，饲养管理不善的牛场甚至可高达 20%～40%。

产后胎衣不下

导致牛产后子宫收缩无力的因素有妊畜运动不足、过度肥胖，饲料中缺乏钙盐等矿物质或维生素；牛流产后孕酮含量仍高、雌激素不足且胎盘组织联系仍紧密，也易引起此病。

主要表现：精神沉郁，有的体温升高（＞39.5℃），母牛产后不断弓腰努责，排出污红色腐臭恶露。

12. 如何预防产后瘫痪？

母牛在产后瘫痪是一种常见的现象，它是由于母牛体内的血钙量低造成的，一旦不及时治疗，对于母牛的危害极大，严重者造成死亡。所以为了预防母牛在产后出现产后瘫痪，可采取以下预防措施：

（1）在妊娠后期减少怀孕母牛饲料中稻草的比例，每天喂量不超过 2 千克。

（2）在妊娠后期适当增加钙磷物质较多的粗饲料如花生秧、苜蓿草、豆秸等。

（3）在妊娠后期在精料中适当增加磷酸氢钙等矿物质，以满足母牛对钙、磷的需要。

13. 产房常用的消毒剂有哪些？

产房需要常备消毒剂，接生时需要给接生员、母牛后躯、胎儿脐带做好消毒，产犊后对产房地面圈舍做好消毒工作。常用的消毒剂有氢氧化钠、过氧乙酸消毒剂、新洁尔灭、碘酊、络合碘、84 消毒液、高锰酸钾等。

氢氧化钠配成 2%～3%的溶液消毒地面、圈舍，其杀菌能力强，能杀灭细菌、病毒和寄生虫卵等，地面、圈舍、食槽消毒也可采用 0.3%～0.5%过氧乙酸。

0.1%～0.2%的新洁尔灭和 0.1%高锰酸钾溶液多用于产房用器具、接生前后接生员和母牛后驱的消毒。

碘酊主要用于犊牛脐带消毒，一般犊牛生下立即采用 5%的碘酊或络合碘浸泡 1 分钟，伤口消毒常使用 0.5%的碘酊或络合碘。

使用消毒剂最好现配现用，配制相应的浓度，不可过量使用，特别是直接接触人和动物的消毒剂；不同消毒剂类型不要混合使用，避免因酸碱性反应影响消毒效果；另外要定期更换消毒剂种类，交叉使用效果会更好。

14. 为什么母牛产犊后要坐"月子"?

母牛产后,食欲减退,体质弱,抵抗力差,是各种疾病侵入的最佳时机,易发生各类疾病,如产后热、消化不良、产后瘫痪、子宫内膜炎、酮病等。所以母牛产后坐好"月子"特别重要,不仅可以使母牛的体质尽早恢复,增加抵抗力,减少和预防产后各种疾病的发生,还可使母牛产后有足够的奶水哺育犊牛,保证母牛后期正常的生产性能和正常发情时间。

为母牛坐好"月子",产后通常可以采取以下保健措施:

(1)清洁消毒:给新产母牛提供一个干净、安静、舒适的环境,同时在产犊期间每天对产房做好消毒灭蚊工作,防止病原传播。

(2)灌服产后汤:尽快补充水分,可购买专门的牛产后汤,也可自配红糖麸皮汤(红糖 500 克,麸皮 1000～2000 克,酵母 20 克,益母草膏 500 克,食盐 30 克),这样能迅速补充水分和能量,也具有增腹压和轻泄的作用,理顺肠道,有助于胎衣排除,防止真胃移位发生。

(3)补钙:防止产后瘫痪,口服葡萄糖酸钙或者投服钙丸(博威钙),体质差的每天 1 次,连用 3 天。

(4)镇痛消炎:牛产犊后立即注射镇痛药物(氟尼辛葡甲胺),特别是头胎牛;对产道损伤、难产、助产、胎衣不下的母牛同时注射抗菌素(头孢噻呋钠),1 天 1 次,连续 3 天。

15. 新生犊牛为什么要早喂初乳? 初乳怎么饲喂?

初乳是免疫球蛋白的重要来源,其免疫球蛋白是常乳的 60

多倍，为犊牛提供被动免疫，也是营养的重要来源，初乳干物质是常乳的 2 倍，含有丰富的维生素、矿物质、能量和蛋白，能满足犊牛的生长。犊牛如果在其出生后的头 24 个小时内没有获得足够的免疫球蛋白，它的存活率就会大大降低。尽早饲喂初乳对于犊牛获得足够的被动免疫力是至关重要的，因为犊牛肠道吸收免疫球蛋白的能力从出生后一小时就开始下降，24 小时之后就完全消失了，所以出生后头几个小时是最关键的，延迟饲喂初乳，不仅意味着犊牛吸收免疫球蛋白的能力下降，而且可能造成疾病发生或者死亡，所以新生犊牛要早喂初乳。新生犊牛喂初乳要掌握以下两点：

（1）饲喂方法。出生后的犊牛应及时喂给初乳（1 小时以内最好），以后 24 小时内再喂 2～3 次，一周内，每天喂 3～4 次，保证足够的抗体蛋白量。

（2）饲喂量。应根据犊牛体重的不同，每次所需的量不同（1.25～2.5 千克），每次饲喂量不能超过犊牛体重的 5%。

16. 为什么犊牛要早期断奶？犊牛怎样进行早期断奶？

传统的犊牛断奶方案是犊牛哺乳期为 4～6 个月，甚至更长。实践表明，过多的哺乳量和过长的哺乳期，虽然犊牛增重较快，牛体型看来膘肥体胖，但对犊牛的内脏器官，尤其是对犊牛的消化器官发育不利，犊牛腹围小，难以采食大量粗料，对后期的生长发育不利。早期断奶有利于母牛进入新的繁殖周期，实现母牛 1 年 1 胎。现在多采用 2～3 月龄早期断奶模式，具体方法是：

在哺喂常乳的基础上，在犊牛 4～7 日龄时，开始补饲精饲料，使犊牛养成采食精料的习惯；在犊牛 7～10 日龄时开始训练犊牛采食干草，可以在犊牛栏上放优质干草，让犊牛自由采食，还可防止犊牛舔食异物，促进瘤胃的发育；2～3 月龄时，当犊牛的日采食量达到 1～1.5 千克时，其采食量满足犊牛的生长需要，即可进行断奶。在断奶时可将犊牛移入断乳牛舍，或者与母牛分离，开始每隔 1 天吃 1 次母乳，然后是每隔 2 天吃 1 次，10 天后即可完全离乳。

断奶对犊牛有一定的应激，不要在极端的天气、气温突然变化情况下断奶，断奶后应尽量减少应激，继续饲喂同样犊牛料和优质干草，断奶后犊牛料采食量应逐渐增加。断奶后犊牛精料可逐渐更换成青年牛料，加大优质干草等粗料的采食量，过渡到以粗料为主的日粮，使犊牛瘤胃能完全发育，为成年后大量采食饲草饲料打下基础。

17. 如何加强犊牛饲养管理？

一般把出生到 6 月龄这一阶段的小牛划分为犊牛，犊牛免疫能力差，调节体温的能力弱，组织器官尚未充分发育，消化道和呼吸道黏膜都容易被病原菌侵袭，抵抗外界不良环境能力和适应性差，容易患病死亡，饲养管理需要更精细。首先应对圈舍勤打扫、勤换垫草，保持清洁、干燥、温暖、宽敞和通风，做好脐带消毒，减少犊牛脐带炎、腹泻和肺炎等疾病的发生；其次是早期要保证犊牛每天能采食足够的牛奶，要训练好犊牛自由采食开食料和优质干草，促进瘤胃的发育。

18. 母牛舍的环境如何保持？

母牛舍要保持冬暖夏凉，温暖干燥，光照充足，空气流通良好，保持牛舍环境清洁卫生，及时地将舍内的粪污清理干净，做到牛舍的地面不积污水和粪便，冬季加强通风换气工作，保持牛舍空气新鲜，良好的环境是保证牛群健康的基础，防止细菌滋生，减少疾病的发生，有利于牛场的疾病防控。

19. 母牛养殖模式放牧好还是舍饲好？

放牧养母牛成为当前肉牛养殖的盈利模式之一，我省很多土地肥沃，光、热、水充足，适合牧草生长，草场资源丰富，适合放牧。养母牛放牧既能省草料、省人工、省设备等，提高经济效益，又能促进母牛生长发育和保持母牛健康，有利于母牛繁殖，但放牧受外界影响大，寄生虫对牛群的危害也大。

舍饲优点是牛舍环境优良，饲料供应充足，营养均衡，集约化或半集约化程度高，便于管理，但母牛缺乏运动，发情率低，发病率高于放牧牛，成本也较高。所以在有足够的草场条件下，母牛养殖模式宜选择放牧或放牧＋舍饲模式。

20. 母牛如何进行放牧？

根据我省气候特点，适宜的放牧季节是每年的 3 月中旬至 11 月底，科学合理利用草地采用分区轮牧，是合理利用牧地的有效方式，可减少牛群践踏，增加牧草恢复生长的机会，使牧地质量均匀，显著提高利用率。母牛放牧饲养时应注意的事项：

（1）做好放牧前的准备工作。放牧前要清除有毒植物，例如狼毒、醉马草、蕨菜、梓树幼苗等；要对母牛进行驱虫；对爱打架的牛要去角后再进行放牧。

（2）放牧地要离牛场和水源地近，最远不宜超过 2 千米，以减少行走时间和营养消耗。距离远时，可修建临时牛舍；水源可选河流泉水等，也可砌坑积蓄雨水；牛每天饮水至少 2 次，天气炎热时应增加饮水次数；为避免污染水源，牛群饮完水后应立即赶离水源附近。

（3）雨雪天不宜放牧，因为雨雪天放牧破坏草场，容易践踏草地，牛也容易生病。

（4）根据草场情况确定载畜量，采取轮牧措施。一般性草场，放牧密度不要大，一个群体 30～50 头，7～8 亩/头牛，将草场隔断若干地块，每块牧草区放牧 3～5 天，然后轮牧到其他地块，让牧草休养生息，恢复生长。

（5）补充矿物质，在水源附近或栏舍内悬挂舔砖，让牛自由舔食。

（6）补料，单靠放牧采食青草而无法满足母牛营养需要时，可回牛场后补一定量的精饲料，枯草季节同时要补充草料。

（7）开春牧草鲜嫩，含水分高，纤维少，大量采食，肠胃不适，易引起拉稀，过量采食苕子、紫云英、白三叶等豆科牧草，会在瘤胃内产生大量气体引起鼓胀，为避免拉稀胀肚，所以春季放牧时每天放牧前，先喂干稻草至半饱，然后再放牧。

（8）携带常用药物器械。放牧时随身携带常用药、套管针等，以防意外。

（9）怀孕后期的母牛和刚产犊的母牛不宜放牧。

21. 圈养母牛应注意哪些事项？

有的养殖户没有放牧条件，养母牛只能进行圈养，圈养母牛应注意以下事项：

（1）进行适当运动。繁殖母牛最好进行适当运动，不然则容易造成难产或犊牛体质弱的情况发生，可在母牛圈舍前留有一定的活动场地，采食后可让其在活动场地进行自由活动。

（2）营养均衡。圈养的繁殖母牛容易缺乏矿物质、微量元素及维生素等营养物质，饲料最好多元化搭配，粗饲料至少 2～3 种搭配到一起，精料则按照比例将玉米、豆粕、麦麸及预混料等搭配到一起。

（3）做好疾病预防。牛舍要通风，保持舍内空气新鲜，牛舍内的粪污及时清理干净，保持饲养环境的清洁卫生，并定期对牛舍内外进行全面消毒，以减少各类致病菌的滋生；经常观察牛的精神状态、食欲、粪便等情况；母牛产后做好护理保健，防止产后炎症致母牛不孕。

（4）饮水要充足。给牛喂饱以后，要给其提供充足的饮水，饮水要清洁，最好是自来水或井水，不可让牛饮用污水或泥塘水。

（5）定期修蹄。对于长期圈养的牛，牛蹄容易变形和过度生长，每年对牛进行1～2次修蹄，保证牛蹄健康至关重要，修蹄的目的是去除过度生长的角质、复原蹄趾间的均匀负重和去除蹄趾损伤。修蹄的准备工具有：蹄锉、修蹄钳、L刀、钩刀、专用的修蹄固定架。另外，在修牛蹄时，对肉牛必须保定，怀孕后期的母牛不适宜修蹄，以免发生流产。

22. 母牛为什么要多吃粗料？

因为牛是反刍动物，有四个胃室，即瘤胃、网胃、瓣胃和皱胃，具有独特的生理特点，牛的瘤胃有数量庞大的微生物群，而瘤胃内的微生物群体是反刍动物能够利用粗饲料维持生命的根本原因。如果细心观察，你会发现，牛休息时口里会不停地咀嚼，这是牛在反刍（俗称反草），是牛健康的一种表现，它是一种条件反射作用，只有牛采食了一定量较长粗饲料时，才能刺激产生反刍这一生理现象。一个健康的牛群，牛采食休息时，随时观察都至少有60%的牛是安静地躺在那里反刍。因此，在饲养过程中，每天一定要给牛喂足量的粗饲料，才能保证牛正常的反刍和牛的健康。母牛多吃粗料，既保证了母牛健康，也防止母牛过肥而影响繁殖。

23. 母牛为什么要补精料？在什么情况下补充精料？

母牛以采食一定量粗饲料为主，但有时需要补充精料，因为精料是主要由能量饲料、蛋白质饲料、矿物质元素和饲料添加剂组成的一类饲料，营养成分丰富，粗纤维含量低（小于18％），可消化养分含量多，可以用来补充母牛特殊时期的营养需要。母牛是否需要补充精料，补充多少视母牛的品种、大小、饲养阶段、膘情等具体情况而定，一般在以下情况时需要补充精料。

（1）空怀母牛和架子母牛一般不需要补充精料，如果膘情差，粗饲料质量不好或饲草单一，则应当适当补喂精料，以利于尽快发情受配怀孕，每头每天补饲1～2千克精料补充料。

（2）母牛怀孕2个月后和产犊前的1个月，每天补喂精料2～3千克，保证胎儿发育需要的营养。产犊前半个月，可适当增加精料投喂，有利于产后母牛奶水供应。

（3）哺乳母牛需要补充精料，此期母牛身体处于恢复状态阶段，同时要分泌乳汁哺育犊牛，因此在为产犊后的母牛提供优质粗料的同时，应逐渐增加精料的投喂，产犊后至犊牛4月龄每头母牛每天补饲2～4千克精料。

（4）放牧母牛夏秋季节，草资源丰富，放牧基本能满足架子母牛、空怀母牛和怀孕早期母牛的营养需要，不需要补充精料；冬季和早春季节，牧草枯黄、营养下降，且数量有限，一般需要通过补饲粗饲料和精饲料来增加营养供给。

24. 母牛精料为什么需要添加预混料?

预混料是添加剂预混合料的简称,它是将多种矿物质和微量元素成分与载体均匀混合而成的中间型配合饲料产品,由专业预混料厂家配制,它要添加到配合饲料中才能饲喂。牛常用的饲料添加剂包括维生素、微量矿物元素、氨基酸、瘤胃缓冲调控剂、酶制剂、益生素、防霉剂等。预混料有以下特点:

(1)组成复杂。优质预混料一般包括12种以上的矿物元素、5～6种以上的维生素、2种必需氨基酸(蛋氨酸和赖氨酸)及其他添加剂(抗氧化剂和防霉剂等),且各种饲料添加剂的功能和作用各不相同。

(2)用量少、作用大。一般预混料占配合饲料的比例为1%～5%,用量虽少,但对提高动物生产性能,改善饲料转化率及饲料保存都有很大作用。

(3)不能直接饲喂。预混料中添加剂的活性成分浓度很高,通常为动物需要量的几十至几百倍,如果直接饲喂会造成动物中毒,加在精料中必须混合均匀。

可见,在配制母牛精料时,需要添加预混料,它能为母牛补充常规饲料饲草没有或不足营养物质,促进生长繁殖,保障母牛健康,提高生产性能,提高饲料利用率,改善饲料品质。

25. 夏天母牛怎么饲喂?

南方夏季高温高湿,且高温期时间长,天气闷热,加上牛汗腺不发达,无法通过出汗来散发热量,往往影响牛食欲和精神状态,极易发生热应激,致牛身体不适,引起疾病发生,甚至导致死亡。为减少牛因高热产生的热应激,导致生产能力下降、采食量减少、增重减慢等，为确保肉牛在夏季发挥更好的生产效益，必须加强母牛在夏季的饲养管理。

（1）防暑降温。首先是加强通风，在栏舍内安装风扇或在栏舍的两端安装鼓风机；其次是洒水降温，高温天气下午给牛喷淋，喷淋后要结合风扇吹风才有效果，有条件的在栏舍屋顶安装喷水降温设施；再就是搞好栏舍改造，牛舍屋顶、墙壁和牛栏地面用隔热性能好的材料，增加场区绿化面积，改善场内环境，在牛舍屋顶拉防晒网遮阳，避免日光直射。

（2）改变饲喂方式，调整饲喂时间。饲喂时，尽可能避开正午时间，在清晨和傍晚凉爽时喂料，做到早上早喂，晚上晚喂，夜间不断料，晚上加喂夜饲，特别是哺乳母牛。调节喂食时间应循序渐进，随着温度的变化逐渐调整，不能突然改变。

（3）饲喂青绿多汁饲料。青绿多汁饲料富含碳水化合物和水分，不但适口性好，而且能解渴，对防暑降温和缓解牛热应激十分有利。

（4）合理调整日粮组成，加强饲养管理。适当增加日粮中蛋白质和脂肪含量，营养物质浓度应适当提高，在日粮中添加氯化钾、碳酸氢钠、食盐、维生素 C、维生素 E 等。

（5）保持栏舍卫生干净，加强消毒灭蚊工作。每天至少清理粪便 2 次，每 3～5 天消毒 1 次，做好灭蚊工作，阻断传染病通过蚊虫传播的途径，尽量给牛创造干燥、清洁卫生的环境条件。

26. 冬天母牛怎么饲喂？

冬季气温低且青绿多汁饲料相对匮乏，母牛容易出现保暖不当、生病、营养不良、微量元素及维生素缺乏等问题，甚至有犊牛冻死现象。因此必须加强母牛在冬季的饲养管理。

（1）冬季应备足养牛饲草。一般情况下，每头母牛应备

1200 千克左右粗草料，饲草尽量多样化（青干草、花生苗、红薯藤、稻草、玉米秸等），优质草搭配营养差点的草，饲草要码垛好，严防风吹雨淋，确保饲草不霉烂变质。如果牛场制作有青贮，干草备货可适当减少。

（2）注意保温，入冬前对牛舍及时进行维修。牛舍要不漏雨、地面不潮湿、清洁卫生，牛舍保暖同时要及时通风换气，把牛舍内氨气、二氧化碳、硫化氢等有害气体及时排出。

（3）保持卫生，及时清除牛粪。每天在喂牛时要清除牛粪、牛尿，保持舍内清洁干燥；打扫牛舍及饲槽，每天喂完牛之后要扫净拌料，及时扫净饲槽；牛舍的消毒，每周喷雾消毒 1 次，氨味浓时用过氧乙酸消毒，牛舍门口可用石灰消毒。

（4）充足饮水，科学饲喂。冬季牛以吃干草料为主，所以要供给充足的饮水，饮水不足，不但影响牛采食，也影响牛对饲料的消化和母牛的健康。

（5）冬季母牛适当饲喂精饲料并添加预混料。对饲料进行合理配比，添加饲料预混料为母牛补充各类营养。最好每天饲喂 2～3 次，即早晨 6 点、中午 12 点、下午 6 点各喂 1 次。料要少添、勤添，不要使牛吃得过饱，使牛在每次饲喂时都保持旺盛的食欲，以提高饲料的利用率。

（6）多晒太阳。在天气晴朗时，要把牛放出舍外晒太阳，同时要刷拭牛体，预防皮肤病和体外寄生虫病的发生，还可以促进血液循环，增强牛对寒冷的抵抗力，有利于胎儿健康和母牛产犊。

27. 如何解决冬季缺草料问题？

俗话说"储草如储粮，保草如保牛"，冬季草料缺乏，基本没有青绿饲料，而牛为草食动物，有其生理特点，不能缺草，对于规模牛场来说，冬季草料的储备尤为重要，牛场一定要提前准备，想办法解决冬季缺草的问题。

（1）夏季和秋季制作或采购青贮。现在青贮制作的技术已很成熟，规模牛场可以建青贮窖，在玉米收割的季节，收鲜玉米秸秆制作青贮，舍饲的牛按 1 头牛 1 年 4～5 吨储备，放牧的牛按 1～2 吨储备，饲喂时可随用随取，密封储存 1～2 年不会坏，如果牛场没有制作青贮条件，可提前在就近的专门草业公司预订青贮包。

（2）种植牧草。黑麦草品质优良，叶柔嫩多汁，适口性好，所有草食性家畜均喜爱采食，它生长迅速时 30 天即可收割 1 次，每年 9—10 月份种植黑麦草，小规模牛场能基本解决冬春季节青绿饲草不足的问题。

（3）秋季储备干草。秋季雨水相对较少，青干草、花生苗、红薯藤、稻草、玉米秸等容易晒干，秋季尽可能在本地收集或采购干草，按每头牛 600～1000 千克储备。目前也有专门生产干草的公司，能提供羊草、燕麦草、花生秧、稻草、麦秸、干玉米秸秆等，规模大的牛场可提前联系预定，以备不时之需。

（4）减少浪费。粗、硬秸秆在整喂时牛采食较少或难以采食，如果将其铡短揉搓饲喂，便能被充分利用，且消化率也有所提高，一般把秸秆揉搓喂牛比整喂提高采食效益 20％左右。

28. 母牛养殖种植什么牧草合适？

养牛需要消耗大量的粗饲料，传统的饲养主要来源于农作物秸秆或野生杂草，前者品质一般较差，后者有一定的条件限制，因此不少养牛户便想到人工种植牧草。种草养牛并非大家想象中那样简单，牧草品种繁多且其特性各不相同，一定要选择适合当地种植的牧草才能获得成功。常见的牧草种有青贮玉米、桂牧一号、皇竹草、巨菌草、甜象草、甜高粱、黑麦草、墨西哥玉米、狼尾草、宽叶雀稗、苏丹草、紫花苜蓿草、三叶草、紫云英,菊苣草等,另外现在也有种植饲料用桑树、构树等。为了使饲料多元化,母牛营养更均衡,可以选择 1～2 种高产牧草为主,再配合种植高蛋白的牧草。

青贮玉米

宽叶雀稗

牛鞭草

桂牧一号

黑麦草

白三叶

紫花苜蓿　　　　　　　　　甜高粱

目前我省推广春夏季高产牧草种植较多的品种有桂牧一号、皇竹草、巨菌草、甜象草、甜高粱、苜蓿等，推广冬季高产牧草种植较多的品种有四倍体黑麦草等，推广专门的青贮玉米种植较多的品种有吉玉3号、雅玉8号等；推广山地改良牧草种植较多的品种有"三叶草＋多年生黑麦草""紫花苜蓿草＋多年生黑麦草""宽叶雀稗＋多年生黑麦草或牛鞭草或苇状羊茅"等。

29. 为什么牛不能喂霉变饲料？

南方天气潮湿，雨季多，如果料库不严实，地面质量差或草堆草窖进水、淋雨、受潮了常常会造成饲料饲草发霉变质，这是许多养牛户经常遇到的实际问题。如果牛采食了这种霉变饲料，常常会引起中毒，导致牛采食量下降，饲料利用率低，生长发育缓慢，严重的会导致母牛出现流产、不发情、死胎、弱仔、返情现象增多。另外饲料霉变会产生大量霉菌毒素，还会侵害牛的肝脏和免疫系统，导致肝硬化坏死和牛免疫力下降，继而诱发其他疾病。

为防止饲料饲草霉变给生产带来危害，进货时或入库时严把关，发霉的饲料饲草不能入库；入库后做好储存工作，仓库要宽敞、通风良好，最好用木板架隔离地面约10厘米高，同时地面做好防水处理或覆盖；使用时添加脱霉剂，特别是在易发生霉变的春秋季节（大多数霉菌适宜的温度在28℃左右），可在牛日粮中添加0.1%～0.3%的脱霉剂（如蒙脱石、百霉清、酵母葡聚糖、酵母甘露低聚糖），能一定程度减少霉变的危害，对轻度的霉变有一定的预防效果。

30. 母牛喂啤酒糟可以吗？怎么喂？

啤酒糟是啤酒酿酒过程中的下脚料，它的粗纤维含量较低，适口性好，含有丰富的粗蛋白、B族维生素和酵母菌等，牛特别爱吃，具有容易消化增进食欲的特点，用来喂牛可以节省精料，是喂母牛的一种不错的辅饲料。饲喂啤酒糟需要注意以下事项：

（1）防止变质。酒糟虽然营养丰富，但是其缺点是含水量较高，约为70%，极易发酵而腐败变质，最好直接新鲜饲喂。夏季外放2天啤酒糟就会严重变质，这种变质的酒糟对牛的损害很大，坚决废弃，不能使用。要防止啤酒糟腐败变质，运回后应立即装入窖中或用大塑料袋密封保存，但也不宜贮存太长时间，最好在1周内饲喂完。

（2）过渡饲喂。虽然牛喜欢吃啤酒糟，但要由少到多逐渐增加，经过5～10天过渡，再按定量饲喂，母牛不宜饲喂过多，可以每天饲喂4～8千克。

（3）补充微量元素和维生素。长期饲喂啤酒糟牛会出现维生素A和微量元素缺乏，所以应及时补充微量元素和维生素，最简单的办法就是在日粮中加入牛专用预混料。

31. 母牛可以喂尿素吗？怎么喂？

母牛是可以喂尿素的，因为牛为反刍家畜，其瘤胃中有大量的微生物，微生物可分泌尿素酶，当牛从饲料中获得尿素后，在尿素酶的作用下，先分解尿素产生氨，然后瘤胃微生物利用氨和饲料中的多糖合成菌体自身蛋白质，这些菌体蛋白质进入牛的皱胃和小肠，被牛消化吸收利用，使非蛋白氮起到了蛋白质的营养作用。

尿素是一种非蛋白质的简单含氮化合物，尿素含氮量高，在46%左右，如果这些氮全部被牛瘤胃中的微生物合成，则1千克尿素可相当于3千克的左右粗蛋白，相当于8千克左右的豆粕类所含的蛋白质氮，所以使用尿素作牛蛋白质饲料的代用品也是解决我国目前蛋白质饲料不足的一个途径。但实际使用中，需要注意方式方法，否则易导致母牛氨中毒。

（1）尿素不能直接、单独饲喂。尿素直接喂牛会导致尿素在瘤胃内水解速度过快而导致氨中毒，应将尿素与其他饲料饲草均匀混合饲喂，常用的方法用0.1%～0.2%的尿素与玉米、糖浆、甜菜渣等混合成液状饲料饲喂，也可以把尿素用水溶解后喷洒在青干草上饲喂，或者制作青贮饲料时添加0.3%左右的尿素。

（2）逐渐增加，分次饲喂。尿素适口性差，喂牛需要7～15天的适应期，要先少量试喂，再增加用量，让牛有个适应过程；一天的喂量不能一次性喂给，而应该分2～3次喂给，且尿素喂后也不能立即饮水，最好1小时后再饮水，以防尿素在瘤中的分解速度过快导致氨中毒。

（3）严格尿素饲喂量。尿素喂量为每千克体重0.2～0.3克，每千克体重超过0.4克时，可以影响日粮适口性以及引起牛氨中毒，500千克的牛用量控制在100～120克较安全。

（4）犊牛禁用尿素。由于犊牛瘤胃尚未发育完全，瘤胃内缺乏微生物，不能给犊牛舔喂尿素。

（5）不能用生豆类或生豆饼拌尿素喂牛。因为生豆类和生豆饼中含有一种加快尿素分解的酶类（脲酶），使尿素分解成氨的速度加快，使牛氨中毒。

（6）参考蛋白含量合理使用。牛日粮中粗蛋白质的含量在8%～10%时添加尿素饲喂效果较好，牛日粮粗蛋白质含量在12%以上时其饲喂效果较差，没必要添加尿素饲喂。

32. 喂尿素中毒怎么办？

牛饲喂尿素，难免会出现中毒现象，其中毒常为急性，症状常在采食过多尿素或采食氨含量过多的饲料后30～60分钟发生。氨气主要是损害神经系统和刺激胃肠道。牛病初表现不安，流涎，呻吟，肌肉震颤，体躯摇晃，步样不稳，继而反复痉挛，呼吸困难，从鼻腔和口腔流出泡沫样液体，后期全身痉挛、出汗，眼球震颤，肛门松弛，很快死亡。

发现牛中毒后，立即灌服食醋或稀醋酸等弱酸溶液，以降低瘤胃pH值，限制尿素连续分解为氨，直至症状消失为止。具体处理方法如下：

（1）1%醋酸1升，糖250～500克，常水1升；或食醋0.5升，加水1升，1次内服。

（2）静脉注射10%葡萄糖500毫升，10%葡萄糖酸钙50～100毫升，20%的硫代硫酸钠溶液10～20毫升，可收到较好效果。也可用25%硼葡萄糖酸钙溶液100毫升作静脉注射，或氯化钙、氯化镁、葡萄糖等份混合液静脉注射。

（3）瘤胃膨气严重时，可行瘤胃穿刺术，以缓解呼吸困难。

（4）在中毒症状得到纠正后，应用抗生素，防止继发感染。

33. 为什么不能喂给繁殖母牛白酒糟？

白酒糟含有一定量的酒精。酒糟发酵和酸败后生的有机酸和杂醇油对早期胚胎有损害作用，故不适合喂妊娠母牛，如必须饲喂时宜限量饲喂，单次不可超过 2 千克，妊娠前期和后期禁喂，以防胎儿畸形和流产。

34. 为什么母牛产犊前后容易生病？应注意哪些事项？

母牛产前与产后的 15 天，称为围产期，此阶段母牛处于生殖应激中，牛从怀孕末期到分娩结束，体内的各种激素水平变化大，加上母牛产后哺乳和采食量下降，产后能量负平衡，会加重生殖应激，所以围产期母牛较易生病，统计显示母牛有 60％的疾病发生在围产期，主要总结起来有以下 2 个原因：

（1）围产期母牛体质差、抗病力弱、适应性低，产犊后，体能明显下降，抵抗力降低，出现生理性病态，容易受外界环境因素的影响而感染疾病，从而引发产前或产后瘫痪、干奶期乳房炎等。

（2）对围产期牛不够重视，缺乏科学的饲养管理。一是忽视母牛的饲养，不喂或少喂精料，而饲喂劣质粗饲料，导致妊娠后期牛营养缺乏；二是缺乏产科管理知识，对产后 15 天内体质虚弱的牛，如采取过早、大量投放精料和大量挤奶的方法进行催奶，就可导致一系列问题。

要做好母牛产犊前后的护理应采取以下措施：

（1）搞好牛舍环境卫生，建立常规消毒制度。

（2）灌服产后汤，及时补钙，预防胎衣不下，使母牛恶露早日排净，子宫形态和功能及早恢复。

（3）不要过早过快添加饲喂精料，可增加优质的粗饲料和青绿多汁饲料饲喂量，加强母牛产后的运动。

（4）对难产、产后食欲不振、产后发热的牛及时治疗。

35. 引进母牛应注意哪些事项？

引进母牛时，为确保所引种优质健康，要结合场区地域的条件，因地制宜地选择最合适的品种，引进的牛最好不要超过1.5岁。

引种时，给当地畜牧部门写申请报告，获准同意后才能引种。选购牛地必须选购无疫病的地区且有种畜禽许可证的牛场，尽量查看所购买牛的系谱和父母代的疾病记录，选择父代以及祖父代无严重疾病的母牛；选定母牛后，需检查母牛的疫苗接种记录，做好结核病和布鲁氏杆菌病（简称两病）检测，两病阴性的才能确定引进，并由当地动物防疫部门开具检疫证明。

在运输母牛前，做好运输应激防控措施，可提早注射预防针，用排异肽、电解多维等抗应激药物减少应激。若长距离运输，途中注意喂水并可少量饲喂优质草料。另外，要注意引种的季节，冬夏不宜外购牛，春秋凉爽最好。

36. 母牛草料应如何搭配？

牛常用草料包括干草（如稻草、麦秸、玉米秸秆、花生秧、豆秸、干红薯藤、羊草、燕麦草、苜蓿草等）、青绿饲料（各种青草）、青贮等，母牛饲养中，草料一般占日粮（干物质计算）60%～80%，这样既有利于节约饲养成本和保持母牛的健康，也有利于母牛保持适度膘情。

牛场应准备2～3种草料，避免单一使用草料，特别是品质差的草料，营养好的优质草料和营养相对差的结合使用，干草和青贮结合使用，如牛场冬季准备了稻草、花生秧、青贮，空怀母牛日粮草料可以采用稻草3～5千克，加青贮8～10千克，怀孕母牛花生秧 3～5 千克，青贮 8～10 千克。

37. 如何做到母牛一年一胎？

理论上母牛一年可产一胎，但实际生产当中多数母牛难以达到这个标准。母牛妊娠期平均为 282 天上下，若产后两个月内不能发情配种则不能实现一年一胎的标准，一些母牛产后半年甚至更长的时间都不能发情配种或者屡配不孕，这在一定程度上影响了养牛的效益产出。如何才能让母牛一年产一胎？

（1）做好孕期饲养。母牛孕期饲养管理的好坏，决定了母牛体质与难产率高低，对母牛繁殖力的影响比较大。母牛孕期应保持适宜的营养水平，以 8 成膘情为宜，同时还必须注意矿物质、微量元素以及维生素的补充。另外适当增强母牛运动量，以及做好防疫、驱虫等保健工作，使母牛保持健康体质。

（2）做好产后保健。当母牛进入生产阶段时，一定要有饲养员在旁边辅助生产，但能正常生产的情况下需避免进行人工助产。对难产的牛和胎衣不下的母牛产后消炎，促进恶露的排出。产后 15 天恶露还未排干净或有明显炎症的情况下，冲洗子宫。

（3）产后精细管理。母牛产后前 3 天食欲一般欠佳，此时需要少喂精饲料，并适当提高精饲料中麦麸的含量，以便尽快恢复母牛的消化机能。而后逐渐增加精饲料喂量，并将麦麸含量逐渐减至正常水平以及适当增加蛋白质饲料含量，对于矿物质、微量元素以及维生素的需求同样不可少。同时还需保证充足的水分摄入，还可增喂青绿多汁饲料。产犊 10 日以后，条件允许的情况下，可将母牛赶至运动场增加光照与运动量。

（4）做好诱导发情。一般情况下只要饲养管理得当，母牛产后 2 个月内便会出现发情，此时可以直接进行配种。若母牛产后 2 个月内无任何发情迹象，且是在营养水平达标以及无炎症的情况下，可以采用中药催情（阳起石、淫羊藿各 100 克，当归、黄芪、肉桂、山药、熟地各 80 克，研末混匀，拌入饲料或糠内一次喂服，连用三服），或者采用药物催情（如前列腺素、促性腺激素释放激素 GnRH、孕马血清 PMSG 等）。当母牛体质差或有炎症的情况下，一定要先进行调理、治疗再进行诱导发情，不然发情配种后难以怀孕。

38. 母牛奶水不足怎么办？

母牛产后没奶的原因有很多，饲料营养不足为缺乳的主要原因。对于产后母牛，应加强饲养管理，饮食必须供应富含蛋白质好消化的精饲料、绿色饲料和多汁饲料，增加采食量。生产中遇到母牛产后奶水不足，可以采用以下方法：

（1）喂玉米大豆粉。玉米、大豆 1 比 1 磨粉，煮成粥，一次喂 1.5～2 千克，1 天喂 1～2 次，拌草喂，喂 10～15 天，奶水不足的现象就能够得到改善。

（2）喂黄豆。把大豆煮烂喂牛，黄豆中本身就含有丰富的蛋白质，如果能够把黄豆煮烂之后直接喂给母牛吃，就能够有效促进奶液的分泌，也可以把黄豆磨成豆浆给牛喝。

（3）喂中药催奶。王不留行 25 克，穿山甲、通草、白术各 10 克，白芍、当归、黄芪、党参各 15 克研成末，拌在饲料里喂母牛即可，都是中药，没什么副作用。

（4）喂奶粉等代乳料。和冲奶粉差不多，温度控制好，37℃，然后灌服给牛吃，1 天喂 3 次。

39. 母牛栏舍怎么建？

南方冬天温度不是很低，低温时间也不会太长，所以在我省修建母牛舍主要推荐建半开放或发酵床牛舍。

（1）半开放牛舍：

①栏舍规格：10米×50米，100头规模较好。

②整体结构：牛舍设计为钢砖结构，单层建筑，檐口高度3.5米，外墙面标高1.5米，柱子结构采用钢筋砼构造柱作支撑，屋顶结构人字钢架，钢瓦屋面。

③牛床和过道：牛舍为双列式，双列对头。牛床水泥硬化整平，呈2%坡度，牛槽位置高，粪沟端低；硬化厚度15厘米以上，略高于清粪通道；牛床长度为2.2米；地面抹成粗糙花纹防滑倒。中间通道为3～3.5米宽，粪道为0.4米宽，浅沟。

④草料槽结构：饲槽设在牛床前面，采用固定式水泥槽，槽底高于牛床15厘米。

（2）发酵床牛舍：在牛舍内建造发酵床，并铺设一定厚度的有机物垫料（稻壳、锯末、秸秆和微生物菌种混合），牛将粪尿直接排泄到垫料上面，通过牛的踩踏和人工辅助翻耙，使粪尿和垫料充分混合，让有益微生物菌种发酵，使粪、尿有机物质分解和转化。垫料使用后，可以生产生物有机肥，用于农田、果园施肥，实现循环利用。这种饲养方法无任何废弃物排放，对环境无污染。

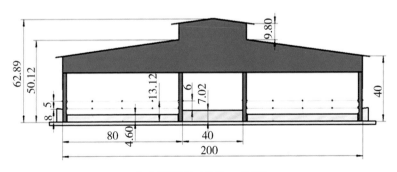

牛舍截面图（单位：分米）

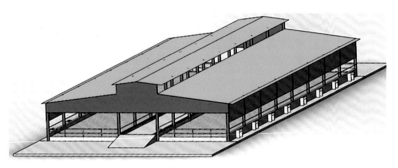

牛舍外观全貌

发酵床牛舍内部

　　发酵床牛舍建造要就地取材，经济适用，科学合理，符合兽医卫生要求。南方牛舍夏季要通风、防暑。发酵床牛舍的类型与常规牛舍基本相同，采用双列式饲养较为经济。

40. 青贮应注意哪些事项？

　　草料制作青贮具有营养损失少、适口性好、可长期保存、消化利用率高、可减少一些病原菌、调整草料供应期等优点，缺点是不易长途运送，需要一定的设备和场地，投入较大，若制作方法不当，如水分过高、密封不严、踩压不实等，青贮饲料可能腐烂、发霉和变质等。

现在青贮制作有采用窖青贮和直接打包青贮两种形式。打包青贮相对成本较高，但制作时起来相对容易。窖青贮相对成本较低，但制作需要操作经验和技术管理。如在青贮过程中不科学，会导致青贮饲料发霉，辛苦付诸东流，浪费大量的人力、物力和财力。要做好秸秆青贮要注意以下几方面：选址建设、原料选择、实际操作、开窖取用。

（1）选址和建设。即是秸秆青贮的建造地点与位置。建造的地点应根据养殖场的地形结合地下水资源合理规划，应建在地下水位低、地势高、土质坚硬；要远离水源和粪坑的地方，离牛舍较近。青贮池以砖、水泥构造为主，墙体宽要达到 30～50 厘米，要坚固牢实，不透气，不漏水，内部要光滑平坦，青贮窖大门设 4～4.5 米，方便车辆进出，减少劳动力。养殖场应根据自己的养殖规模，设计好青贮池的建造规模。据测算，每立方米可以青贮秸秆 700 千克左右。舍饲的牛每头牛需青贮饲料 4～6 吨/年。

（2）原料选择。要控制好秸秆原料的水分和糖分，青贮一般要求原料水分在 65％～75％，可溶性糖含量 1.5％以上，这有利于发酵的快速完成。目前，青贮制作主要原料是玉米秸秆或全株青贮玉米，只要控制好收割时机（乳熟期至蜡熟期收），其水分和糖都能到达青贮要求。含水量在 65％～75％，经验判断是用手握紧切碎的玉米秸秆指缝有液体渗出而不滴为宜。收割时，水分过低则在切碎玉米秸秆中加适量的水，如原料湿度过大，可将玉米秸秆适当晾晒或加入一些粉碎的麸皮、干草粉或米糠等。

（3）实际操作。操作包括收割、切碎、装填、压实、密封几个环节，为确保无氧环境的形成和青贮的均匀度，秸秆要切碎和整齐，机械切碎长度为 2～3 厘米，粉碎后应快速装填，装填前在池周边包裹一层塑料薄膜，能起到很好的厌氧效果；装填时层层平整压实后，有条件的可用推土机或拖拉机碾实，压实装至高出池口 1 米左右为宜；及时密封，一般一窖青贮从装填开始到密封最好 3 天内完成，时间长了会影响青贮质量。

（4）开窖取用。玉米秸秆青贮经 30～40 天即可发酵完毕，可以开池利用，气温低时，可以适当延长 1～2 周。开窖时检查青贮质量，主要从色、味、手感（一看、二闻、三触摸）看青贮是否成功。优质青贮饲料呈青绿或黄褐色，气味具有轻微的酸味和水果香味，闻着有舒适感，质地柔软湿润，可看到茎叶上的叶脉和绒毛，pH 值在 3.5～4.2。如果青贮发霉腐败变质，要坚决弃用，以免影响牛的健康。

青贮窖准备

秸秆准备

秸秆铡碎

平整压实

密封　　　　　　　　青贮成熟

打包青贮（圆捆）

打包青贮（方捆）

青贮池开启后，由于青贮料与空气直接接触，易造成好氧性微生物繁殖，即二次发酵，造成青贮腐败。因此，要准确计算用量，垂直取料，取料秸秆的垂直层面必须整齐，取完后再封闭窖口。

青贮在饲喂开始时，要避免牛由于口味不习惯不愿采食，要少喂，拌入其他秸秆，逐步添加，直至能完全替代其他秸秆。加入尿素的青贮，在饲喂后应间隔1小时再饮水。

41. 母牛一般利用年限有多久？

母牛利用年限的长短因品种、饲养管理水平及牛的健康状况不同而有差异，母牛的繁殖能力也有一定的年限，母牛的配种使用年限可达 9～11 年，一生可以产犊 6～8 头。超过繁殖年限，母牛的繁殖能力会降低，便无饲养价值，应及时淘汰。母牛如果只产 2～3 胎就被淘汰，会造成经济损失，降低其养殖效益，要查找原因，如配种过早或过迟、不孕、疾病等，再想办法解决。

42. 牛的年龄怎么判断？

牛的年龄可以从牛的外形，牛的角轮、牙齿来判断，牛的外形和角轮只能初步判断，牙齿能较为准确地判断牛的年龄。

（1）根据外貌鉴别，准确来讲根据外貌鉴别牛的年龄，只能鉴定其老幼，而不能判断牛的实际年龄。一般，年轻的牛被毛有光泽，粗硬适度，皮肤柔润而富有弹性，眼盂饱满，目光明亮，举动活泼有力；而老年牛则相反，四肢站立姿势不正，被毛乱而无光泽，皮肤干枯，眼盂凹陷，目光呆滞，眼圈多皱纹，举动迟缓。水牛除上述变化外，还会随年龄增长毛色变深，而密度变稀。

（2）根据角轮鉴别，角轮就如同树的年轮一般，可以判断年龄的，通常只计算大而明显的角轮，否则，易导致判定错误。另外，对于饲养条件好的种公牛来说，角上一般是没有角轮的。

（3）根据牙齿鉴别，牛牙齿的生长、更换、磨损程度有一定的规律性，一般犊牛生后半月左右第 1 对乳门齿长出，4～5 月龄时 4 对乳门齿长齐，以后逐渐磨损变短。水牛 3 岁左右、黄牛 1.5～2 岁第 1 对乳门齿脱落，长出第 1 对永久齿，即"对牙"，以后每年脱落更新 1 对，逐渐由"4 牙""6 牙"到"8 牙"（即"齐口"），一般水牛 6 岁左右齐口，黄牛 4.5～5 岁齐口。牛齐口后，永久齿开始按顺次磨损，磨损面逐渐由长方形花纹变成黑色椭圆形以至三角形，齿间间隙逐渐扩大，直至齿根露出乃至永久齿脱落，牙齿磨损面出现的长方形花纹为"印"。水牛 7 岁左右，黄牛 5.5～6 岁即出现"2 印"，依此逐年磨损 1 对，直至"8

印",水牛有 10 岁左右,黄牛则 8.5～9 岁。牙齿磨损面出现的黑色椭圆形花纹为"珠",水牛 11 岁左右,黄牛 9.5～10 岁时即出现"2 珠",依此类推直至"8 珠"(即"满珠",也称"老口"),水牛满珠 14 岁左右,黄牛满珠 12.5～13 岁。水牛超过 14 岁,黄牛超过 13 岁已达到了老年,基本丧失了生产性能,繁殖性能也基本丧失。

二、母牛繁殖实用技术

1. 初产母牛什么时候开始配种?

小母牛一般在 8～10 月龄会开始初次发情，之后逐渐性成熟，此时其发情持续期短，发情周期也不正常，生殖系统及其机能仍处在生长发育阶段，如果配种受孕，会影响母牛的生长发育及今后的繁殖性能，还会增加难产和弱胎的概率，缩短母牛利用年限，降低其生产性能，所以此时不宜配种，生产中应注意避免，特别是放牧牛，要防止野配。

生产中一般选择在性成熟后一定时期才开始配种，把适宜配种的年龄叫适配年龄。黄牛初产母牛初配适宜年龄为 1.5 岁左右，生长基本完成，达到配种要求，具体应看个体的生长发育状况，以成年牛为标准，当个体的体重达到成年的 70% 以上为初配适龄，此时开始配种经济效益最好。

2. 为什么有些母牛到初情期不发情? 如何处理?

不同品种的母牛，初情期发情早晚及表现会有不同，一般情况下，大型品种初情年龄晚于小型品种的牛，肉用牛品种初情期的年龄往往比乳用品种迟，母水牛初情期更迟；如果饲养的后备母牛到了初情期不发情，需要注意以下几个方面：

（1）营养水平：营养水平是影响母牛初情期和发情表现的重要因素，自然环境对母牛发情的影响，在一定程度上亦是因营养水平的变化所致。一般情况下，良好的饲养水平可以增加牛的生长速度，有利于牛的性成熟，也可以加强牛的发情表现。对于长期放牧不补饲的后备母牛，在枯草季节其发情往往滞后。试验表明，高营养水平饲养的母牛与低营养水平的比较，在饲养水平较低的情况下，初情期可能要晚3～6个月。

（2）管理因素：长期饲喂发霉变质的饲料或者饲料霉菌毒素过高，大量饲喂酒糟又未补充矿物元素，牛舍环境不良，饮水不足，缺乏运动，或者是光照不够，都会影响后备母牛的健康和发情。

（3）先天因素：异性孪生的母牛和生殖器官发育不全或者畸形头胎母牛，往往无发情表现，检查可发现阴门狭小，阴道短，直肠检查难以触摸到子宫角，或触摸到的子宫角犹如细绳，子宫颈细如筷子，触摸子宫时无收缩反应，卵巢很小。

如出现有些母牛到初情期不发情，处理办法有：如果母牛体况差，要加强营养，如母牛膘体正常又不正常发情，则需要找一个经验丰富的兽医或配种员检查其卵巢发育是否正常，发育不正常且难以治疗时应予以淘汰，发育正常且母牛体质较好的情况下可通过激素治疗，如：注射孕马血清促性腺激素、氯前列烯醇、促黄体素及促排三号等药物促进母牛发情及排卵，但用药后第一次发情多不会正常排卵，可等到再次发情时进行配种。

3. 母牛不发情怎么办？

在生产实践中，有些母牛长期不发情，影响牛群的繁殖力，其常见有营养不良、环境条件不好、卵巢疾病、子宫疾病等。我们找到其不发情的原因，再采取改善不发情的措施：

（1）改善饲养条件。营养对母牛的发情和排卵起着决定性的作用，其中能量和蛋白质、矿物质、维生素对母牛发情影响很大，在饲养方面应根据母牛的体况，长期、均衡、全面、适量地提供蛋白质、能量、维生素、矿物质等营养物质。贫乏饲养和过度饲养都会使母牛不发情。

（2）改善环境条件。我省多数地区夏季炎热，冬季又寒冷。夏季的热应激对母牛影响明显，会缩短发情持续期并减少发情表现，母牛在炎热的气候下，由于肾上腺分泌了大量孕酮而造成不发情；冬季由于日照短和粗饲料中维生素含量低可造成母牛不发情，所以要使母牛发情，应为其创造理想的环境条件，夏天防暑降温，使母牛处在凉爽的环境中，冬天加强保暖和增加光照。

（3）及时治疗引起不发情的疾病

①子宫内膜炎或其他生殖道疾病是母牛不发情的原因之一，对于患有炎症的母牛及时治疗；

②持久黄体是母牛不发情的原因之二，注射前列腺素能溶解持久黄体，恢复母牛正常发情；

③卵巢发育不全也会造成母牛不发情，注射促性腺激素或孕马血清，能恢复卵巢功能，促进卵泡生长。

4. 母牛产后什么时候开始配种？

正常的情况下，母牛在产后 60～80 天配种比较适宜，因为母牛产犊后，其体质恢复需要 30 天左右，而子宫完全复原需要 40 天以上，所以母牛生完牛犊后 60～80 天配种为宜，此时母牛体况逐渐康复，子宫修复良好，受胎效果比较理想，可以实现 1 年 1 犊，能使母牛维持正常的生产周期和正常的生理功能，保证母牛健康，增加利用年限。如果产后过早配种，一则不易受孕，二则影响牛的体质恢复。

在实际生产当中，母牛分娩过程遇到难产，分娩后胎衣不下、产道损伤、发生子宫炎或其他疾病，母牛及其子宫康复将会被推迟，这样母牛在产后两个月时可能没有做好准备再次受精，此时母牛需要及时得到治疗，以促使子宫早日康复，在此期间一定要注意正常的饲养管理，对母牛的发情周期和子宫分泌物进行观察，为下一次配种做好准备。

5. 母牛发情后有出血是否正常?

母牛在发情期，卵泡迅速发育成熟，雌激素的分泌量增加，使得子宫毛细血管的血液流量增加，发情后期，因血管收缩而破裂，血液流入子宫腔，再通过子宫颈，从阴道流出体外，即所谓的"流红"现象，这种现象多发生在青年母牛中，老年母牛较少，少量流血是正常的生理现象，一般"流红"出现在发情结束后的1~3天内，看到流血时母牛已经排完卵，配种应在这之前1~2天。"流红"与能不能配上种无直接关系，但是看到这一现象如果尚未配种，已经错过配种时间，只能等下次发情再配种。

6. 母牛常用催情激素有哪些?

随着现代化养殖理念的发展，我国牛业逐渐走向规模化、集约化和商品化，在母牛的繁殖过程中通常会使用一些激素来提高母牛的生产性能。下面是母牛繁殖中的几种常用激素介绍：

（1）促性腺激素释放激素（GnRH）

①生理剂量条件下，可促进促黄体素（LH）和促卵泡素（FSH）的合成和释放；

②大剂量长时间使用，会产生抑制排卵、妨碍附植和妊娠等副作用。

（2）催产素（OXT）

①促进精子在母牛生殖道内运行；

②促进母牛分娩；

③刺激乳腺导管肌上皮细胞收缩，引起母牛排乳。

（3）促卵泡素（FSH）

①促进卵泡细胞的分裂和卵泡的生长发育；

②促进卵泡合成雌激素；

③刺激母牛的发情表现；

④大剂量可增加发育卵泡的数量，引起超数排卵。

（4）促黄体素（LH）

①与 FSH 协同，促进卵泡的生长、成熟，进一步引起母牛排卵和黄体形成；

②维持黄体存在和分泌孕激素，维持黄体功能和妊娠。

（5）雌激素

①维持母牛生殖道的形态和功能；

②诱发发情表现和发情行为；

③促进母牛第二性征和乳腺腺管的发育；

④促进脂肪的合成；

⑤反馈调节下丘脑和垂体前叶 LH 的分泌活动。其商品制剂为己烯雌酚、二丙酸雌二醇、苯甲酸雌二醇和戊酸雌二醇等。

（6）孕激素

①促进妊娠期间子宫和胎盘的发育和增生，维持和保护妊娠；

②抑制发情；

③促进乳腺腺泡的发育；

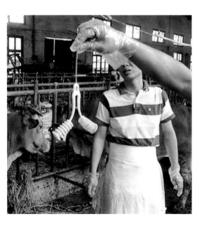
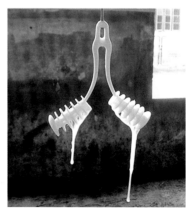

④促进母牛的合成代谢；

⑤反馈抑制下丘脑和垂体前叶 FSH 的分泌活动。其商品制剂为 CIDR。

（7）孕马血清促性腺激素（PMSG）：具有 FSH 和 LH 的双重生理作用，但以 FSH 的作用为主，其商品制剂为 FSH 的廉价代用品。

（8）人类绒毛膜促性腺激素（HCG）：HCG 的生理作用与 LH 相似，其商品制剂是 LH 的廉价代用品。

（9）前列腺素（PG）：前列腺素的种类很多，与牛繁殖关系最密切的是前列腺素 F2a（PGF2a）。主要生理功能表现在两个方面：

①促使功能黄体退化；

②促进平滑肌的收缩，与母牛的排卵、配子和胚胎的运行有重要关系。

7. 如何观察母牛发情?

母牛发情时,其精神状态、行为和生殖器官等都有明显的变化,根据这些变化,可以比较准确地判断牛的发情程度,做到适时配种,提高母牛受胎率,观察母牛发情的主要方法有以下 4 种:

(1) 外部观察法。以母牛的性兴奋、外阴变化等方面观察,主要表现为:

①发情初期:发情牛爬跨其他母牛,食欲下降、神态不安,哞叫,但不愿接受其他牛的爬跨,外阴部轻微肿胀,黏膜充血呈粉红色,阴门流出透明黏液,量少而稀薄如水样,黏性弱;

②发情中期:母牛很安静地接受其他牛的爬跨(稳栏现象),发情的母牛后躯可看到被爬跨留下痕迹。阴门中流出透明的液体,量增多,黏性强,可拉成长条呈粗玻璃棒状,不易扯断,俗称"吊线"。外阴部充血,肿胀明显,皱纹减少,黏膜潮红,频频排尿;

③发情后期母牛不再接受其他牛的爬跨,外阴部充血肿胀开始消退,流出的黏液少,黏性差。

食欲下降

哞叫

流黏液"吊线"　　　　　爬跨其他牛

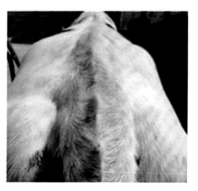

稳栏现象　　　　　尾根毛杂乱

（2）阴道检查法：用开膛器张开阴道，观察阴道壁的颜色和分泌的黏液、子宫颈的变化。发情时，牛的阴道湿润、潮红、有较多黏液，子宫颈口开张，轻度肿胀。

（3）直肠检查法：通过直肠触诊，检查卵泡的发育情况，可确定最佳配种时间，发情盛期，卵泡直径达 1～1.5 厘米，呈小球形，部分突出于卵巢表面，波动明显；随着卵泡的成熟，卵泡不再增大，泡液增多，泡壁变薄，紧张而有弹性，有一触即破的感觉。

（4）试情法：怀疑母牛发情了，可牵头阉牛或其他母牛试情，如这头母牛兴奋、爬跨其他牛并接受爬跨，则说明此牛发情了。

母牛能否受胎，准确掌握母牛的发情是关键，一般正常发情的母牛其外部表现比较明显，用外部观察辅以阴道检查就可以判断，但母牛发情持续期较短，不注意观察则容易漏配，在生产实践中，每天早、中、晚三次观察发情，每次每栋牛舍观察发情时间不少于 30 分钟，放牧的牛在放牧过程中要多注意观察。

8. 什么是牛的人工授精？

牛的人工授精是指：人为地使用特殊的器械采集公牛的精液，经处理、保存后，再借助于器械，在母牛发情时期将精液人

掏掉牛粪

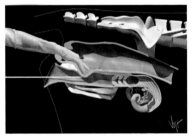

将枪插入生殖道

将枪插到子宫颈口

将枪穿过子宫颈

注入精液　　　　　　　　精液运行方向

为地注入子宫内，以达到受孕的目的，以此来代替自然交配的一种妊娠控制技术。它包括种公牛精液的采集、处理及冻精的制作、保存、运输、解冻及输精等技术过程。

9. 人工授精有哪些好处?

人工授精技术在我国已经推广 60 多年，基本得到了普及，运用到大大小小的养殖场所。这项技术目前已成为现代养牛业最常见的繁殖生产技术，有着巨大的优越性，对提高养牛业的遗传繁殖速度和生产效率有重大促进作用，大大降低了养牛业的饲养成本，提高了养牛业的经济效益，另外也有利于优良品种资源的保存与有效合理的利用。采用了人工授精主要有以下好处：

（1）扩大优良种公牛的配种效率。在自然交配（本交）的情况下，一头公牛每年只能配 50～80 头母牛，而采用人工授精，一头优良种公牛每年配种母牛可达万头以上，大大提高优良种公牛的利用率。另外，可以减少饲养种公牛，能节省很多饲养管理费用。

（2）可扩大公牛配种的地区范围。种公牛精液的采取与保存技术先进，采用冷冻保存的精液，便于携带运输，可使母牛配种不受地区的限制，可从世界各国引进优秀的种公牛冻精改良品种。因此，开展人工授精能充分发挥优良个体种公牛的作用，提高牛群质量，加速牛的杂交改良和培育新品种工作。

（3）提高受胎率。采用人工授精，可把精液直接输入到母牛子宫体内，不仅有利于精子的存活，也为授精创造了有利条件，而且能解决母牛由于阴道疾病及子宫颈口位置不正而造成的难孕等问题。

（4）防止传染病的传播。在自然交配时，因公母牛及其生殖器官直接接触，易传播传染性疾病，但人工授精可以防止滴虫病、阴道子宫炎、布氏杆菌病等疾病的传染。

（5）牛人工授精便于控制犊牛性别。常规精液配种得到公母的概率都是 50％左右，随着科技的进步，性别控制技术研究在生产中得到越来越多的应用，生产中可根据需要选择使用性别控制精液，使产母犊的比例或产公犊的比例在 90％以上，大大提高了饲养者的经济效益。

10. 如何选配公牛品种？

根据牛场育种目标有计划地为母牛选择最适合的公牛配种，进行选种选配，使其产生需要的优良后代。

（1）选配有同质选配和异质选配

①同质选配是选择在外形、生产性能或其他经济性状上相似的优秀公牛配种母牛，其目的在于获得与双亲品质相似的后代，以巩固和加强它们的优良性状，其作用主要是稳定牛群优良性状，增加纯合基因型的数量；

②异质选配是选择在外形、生产性能或其他经济性状上不同的优秀公牛配种母牛，其目的是选用具有不同优良性状的公母牛交配，结合不同优点，获得兼有双亲优良品质的后代，其作用在于通过基因重组综合双亲的优点或提高某些个体后代的品质，丰

富牛群中所选优良性状的遗传变异。

（2）本地黄牛具有耐粗饲、适应性强、繁殖性能强、肉质好等优点，但个体较小，泌乳、产肉性能差，在选择公牛进行配种时，应主要考虑改良杂交后代的体型、泌乳及产肉性能，建议第一代杂交主要用乳肉兼用型品种进行杂交改良，第二代、第三代则可用纯肉用品种进行杂交改良。

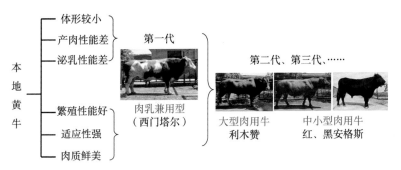

11. 同一品种的优秀公牛怎么选？

在选择人工授精配种时，如何选择优秀公牛冻精，才能确保产出优秀的后代？下面介绍几种方法：

（1）选择公牛冻精应通过正规渠道购买，应从拥有国家颁发的"种畜禽生产经营许可证"的公司购买。

（2）选择的种公牛要求三代系谱完整，根据系谱查询公牛来源及血统，根据自身选配需要进行选择。

（3）从种公牛的体型外貌进行选择，一般来说，种公牛体型高大、骨骼粗壮、肌肉发达的，其后代表现更好，西门塔尔还可以通过花片来选择，实践表明花片多的后代表现较好。

（4）根据种公牛后裔表现，后裔测定判断种公牛优不优秀是最可靠的方法。一方面通过种公牛公司提供的后裔表现数据判断，另一方面通过种公牛在本场繁殖的后代表现来判断。

种公牛系谱

优秀种公牛

12. 如何做好繁殖记录？

做好繁育记录，是一个比较烦琐，但又很有必要的工作，因为这些长年累月的真实数据非常的宝贵，是未来制订繁育计划不可或缺的东西。繁殖记录要准确明了、简单实用、便于统计分析，繁殖记录内容包括发情母牛号、发情日期、配种时间、与配公牛、精液品质、妊娠检查与分娩日期、产道子宫炎症状况。做好配种记录表、产犊记录表、繁殖年度母牛配种登记表、精液耗用报表、受孕月报表、月情期受胎和复检月报表、三个月未配、六个月以上未孕的月报表等各项记录报表。这类表格可参考下表或根据实际需要设计。

母牛产后监测记录表

序号	牛号	分娩日期	产犊情况	胎衣情况	子宫净化情况	发情日期	备注
1							
2							
3							

配种记录表

序号	牛号	与配公牛	发情情况	配种日期	配种次数	孕否	配种员	备注
1								
2								
3								

产犊记录表

序号	母号	日期	父号	♀/♂	犊牛号	毛色	体重(Kg)	助产	开奶	胎衣	备注
1											
2											
3											

牧场牛群资料记录表

序号	牛号	品种	出生日期	母号	父号	胎次	牛只类别	孕妊状况	月龄	预产期	备注
1											
2											
3											

13. 如何判断母牛是否怀孕?

为了减少空怀饲养的现象,及时判断出母牛是否怀孕是很重要的,目前母牛是否怀孕可以通过 4 种方法进行诊断:

(1) 外部观察法。妊娠表现:周期发情停止,食欲增强,被毛光泽,性情温顺,行动缓慢;在妊娠后半期,腹部不对称,右侧腹壁突出;8 个月以后,右侧腹壁可见到胎动。此方法准确性较差,特别是早期。

(2) 直肠触诊法。此方法是常用而可靠的妊娠诊断方法,在生产中使用较为广泛,但需要一定的经验积累,动作熟练准确,具有良好的手感才行,特别是对怀孕 40 天内母牛进行诊断。实际生产中,为了防止空怀,每头牛至少要进行 2 次直肠触诊妊娠检查,分别是在配种后的 45~60 天和 90 天左右进行。怀孕 60 天孕角比空角约粗一倍,且较长,两者触摸感觉明显,由于胎水增加,孕角壁软而波,波动感明显,用手指按压有弹性,角间沟不再清楚,但仍能分辨,可以摸到全部子宫;怀孕 90 天孕角如排球大小,波动明显,有时可触及漂浮在子宫腔内如硬块的胎儿,角间沟已摸不清楚,子宫因增重开始坠入腹腔,子宫颈移至耻骨前缘。

(3) B 超机诊断。有兽用专用 B 超机,携带方便,配种后 1 个月便可以用 B 超机确定母牛是否怀孕,而且还可以观察胎儿的生长状况，确诊性高，但需要学习 B 超机的使用。规模牛场可配备兽用专用 B 超机。

（4）ELSA 早孕诊断。市面上有专门的 ELSA 早孕诊断试剂，牛配种后 28 天采血，测其血清中的孕酮或糖蛋白即可判断母牛是否怀孕，ELSA 早孕诊断准确性高，但需要在实验室进行，目前主要应用在一些有条件的大型牛场。

14. 妊娠母牛是否有发情表现？

实际生产中，牛在妊娠期可能出现发情症状，俗称"假发情"，这主要出现在妊娠早期（1～4 个月）。统计显示，3%～5%的妊娠母牛可能有发情表现，但假发情母牛一般发情时间短，不让其他牛爬跨，阴唇多不肿胀或稍有肿胀，从阴道内流出的黏液呈乳白色或草黄色，量少、黏稠，与正常发情表现有较大差异。引起妊娠母牛发情的原因较复杂，可能是由生殖激素分泌失调和外界因素造成。为了防流保胎，正确识别母牛妊娠后发情十分重要。对已配母牛出现发情，且不是正常的发情周期，处理前要仔细鉴别，必须做妊娠检查。

15. 母牛正常的繁殖指标是多少？

对于规模繁殖牛场来说，一年工作结束了，牧场产了不少犊牛，那么繁殖工作到底做得好不好，这就需要一些指标来衡量：

（1）总受胎率：全年实有受胎母牛数与全年参加配种母牛实有数之比。

总受胎率＝（全年实有受胎母牛数/全年配种母牛实有数）×100%，牧场全年总受胎率应≥95%。

（2）情期受胎率：母牛的一个发情期中输精后，受胎母牛占输精母牛的百分比。

情期受胎率＝(妊娠母牛数/情期配种数)×100％，牧场的情期受胎率应≥65％，其中：青年牛≥75％，成母牛≥60％。

(3) 繁殖率：年度内出生的犊牛数占年度能繁殖母牛数的百分比。

繁殖率＝(本年度内出生犊牛数/上年度终能繁殖母牛数)×100％，牧场繁殖率目标应≥90％。

(4) 犊牛成活率：本年度年终成活犊牛数占本年度内出生犊牛数的百分比。

犊牛成活率＝(本年度终成活犊牛数/本年度内出生犊牛数)×100％，牧场犊牛成活率目标应≥95％。

(5) 胎间距是成母牛两次连续产犊的时间间隔，理想的胎间距应少于 390 天。

16. 母牛妊娠期多长？如何推算预产期？

牛的孕期平均为 280 天，范围 275～285 天。

预产期推算：配种月份减 3 或加 9，配种日数加 6，如某牛 3 月 15 日配种，3＋9＝12，12 为预计月份，15＋6＝21，21 为预计分娩日，即当年的 12 月 21 日为预产期。通过预产期的推算，如果配种日期在 3 月 25 日后，那么其预产期在下一个年度，如某牛 2019 年 7 月 5 日配种，那么通过推算，其预产期是 2020 年 4 月 11 日。

17. 什么是同期发情？主要方法有哪些？

同期发情又称同步发情，是利用外源生殖激素制剂人为地调整母牛发情周期的进程，使之在预定的时间内集中发情，以便于有计划地组织配种，既减少了发情鉴定工作，又提高了配种效率。牛同期发情的方法有：

（1）前列腺素法：此种方法适用于有功能性黄体的牛，被处理的牛需有正常的发情周期，而且处在发情周期的 6～16 天，即为功能性黄体期，此种方法也应用于治疗有持久黄体的牛。常用的药物是前列腺素（PGF2α）或其类似物，一般在注射 PGF2α（0.4 毫克/头）后 72 小时，即可发情配种。实践中，一般采用 2 次注射方法，即第 1 次注射 PGF2α 后，隔 11～12 天再注射 PGF2α 1 次，一般在第 2 次注射 48 小时左右，即可发情配种。在生产中，前列腺素法在初产牛使用得多，其效果好，操作简单，成本也低。

（2）孕激素法：给母牛埋植孕酮阴道栓（CIDR）或用孕激素耳后皮下埋植，使其持续缓慢地释放孕酮，母牛则可在一定时间内集中发情配种。生产上初产牛不建议使用，其成本较高。

（3）孕酮＋前列腺素处理法：孕酮＋前列腺素同期发情方法首先给母牛埋植孕酮阴道栓（如 CIDR），9～12 天后撤除阴道栓并注射 PGF2α，撤栓后 48 小时左右母牛出现发情症状。生产上初产牛不建议使用，其成本较高。

18. 同期发情有何优点与作用？

牧场采用同期发情，有以下几个好处：

（1）减少了发情鉴定工作量，提高发情检出率。

（2）有利于人工授精技术的推广，能更广泛地应用冷冻精液进行人工授精。

（3）应用同期发情技术使配种、妊娠、分娩等过程相对集中，便于合理组织大规模牛场生产和科学化饲养管理，节省人力、物力和费用。

（4）同期发情不但能使具有正常发情周期的牛集中发情，而且还能诱导乏情状态的牛出现发情，辅助治疗持久黄体、黄体囊肿、子宫内膜炎等，因此可以提高繁殖率。

（5）是胚胎移植技术的重要环节，应用同期发情可使供体和受体处于相同的生理状态，有利于移植的胚胎正常生长发育。

19. 能否人为控制犊牛性别？

自然情况下，牛繁殖过程中无法人为进行性别控制，公、母犊出生比率大约各占一半。随着科技的进步，可通过人为地干预而繁殖出人们所期望性别的后代，将牛的精液根据含 X 染色体和 Y 染色体精子 DNA 含量的不同而把这两种类型的精子有效地进行分离，分离后将 X、Y 精子分装冷冻成冻精，这种分装冻精叫性控冻精。性控冻精可使产母犊的比例或产公犊的比例达90％以上，可以根据生产需要选用性控冻精，这大大提高了饲养者的经济效益，加快了牛群的扩繁。性控冻精在奶牛生产中得到广泛应用，肉牛场也应用得越来越多。因为性控冻精比普通冻精价格高出很多，所以选健康的初产母牛和头胎母牛较好，这个时期的母牛子宫干净健康，相对容易怀孕，情期受胎率高，可减少使用成本。

20. 各品种杂交牛表现如何？

（1）西门塔尔杂交牛：西杂牛毛色以黄（红）白花为主，花斑分布随代数增加而趋整齐，白头特征明显，股下、尾帚、四肢下部亦为白色。杂交一代牛白头芯，也就是说除了头部中间有一块白色，其他地方的颜色均和母本牛无异。杂交二代头顶白色面积增大，一直穿过鼻梁到嘴巴的部位。和一代牛一样，大多数二代牛全身也是母本牛色，但是会有极少数牛出现小面积白花。杂交三代牛头这时候已经全白了，身上有大面积的白花，同时四蹄变白。杂交四代牛相对于三代牛来说头部全白，四蹄以及尾巴也是白色的，俗称"六白"。一般头大，四肢粗壮，体躯深宽高大，结构匀称，体质结实，肌肉发达，后背扁平的西门塔尔牛都是高代杂交牛。西门塔尔杂交牛的适应性强，耐粗饲，抗寒、抗病性能较好。

（2）利木赞杂交牛：利杂牛毛色为黄色或红色，背腰平直，体躯较长，后躯发育良好，臀部宽平，肌肉发达，四肢稍短粗，呈肉用型。利木赞杂交牛优势明显，生长速度加快，肉用特征明显，出肉率高。

（3）安格斯杂交牛：安杂牛毛色为父本特征，无角遗传能力很强。利用安格斯改良本地黄牛，是改善肉质的较好的父本选择，在今后生产高档牛肉时安格斯是首选父本。

（4）夏洛莱杂交牛：夏杂牛毛色为草白色或灰白色，有的呈乳白色。背腰平直、宽厚，臀、股、胸肌肉发达，四肢粗壮。体质结实，发育均匀，呈长方体，表现典型的肉用牛特征。

21. 母牛配种有哪几种方法？各有何优缺点？

母牛配种可以选择自然交配与人工授精两种，下面是两种配种方法的对比：

自然交配	优势	1. 牵着种公牛走一圈便可以知道哪头母牛发情了，省去发情鉴定过程。 2. 很多地区相对落后，没有配种员，没人会人工授精。
	弊端	1. 养牛户的种公牛质量往往不如专门生产冻精的种公牛，因此所繁殖的牛犊品种质量可能稍差一些。 2. 种公牛本交配种的过程中，较容易传播一些疾病。 3. 种公牛饲养成本较高，特别是在所养母牛数量较少的情况下极为不划算。

续表

人工授精	优势	1. 人工授精可充分利用优秀种公牛，本交的情况下1头种公牛年均只能配50～80头母牛，而人工授精的情况下1头种公牛年均可以配数千头甚至更多的母牛，可最大程度提高种公牛的利用率和配种数量。 2. 人工授精可在一定程度上避免疾病的传播，例如布氏杆菌病、衣原体等。
	弊端	1. 人工授精对技术有一定的要求，只有经过专门培训的配种员才能保证良好的配种受胎率，部分地区缺少专业配种员，或者配种员要价过高，养牛户不得不选择公牛本交的配种方式。 2. 初产母牛或母牛体型较小（绝大数中国黄牛体型都小）的情况下，选择人工授精可能造成难产，因为大部分用于生产冻精的种公牛个体都较大。

22. 如何建立品改站？

随着肉牛养殖的快速发展，养殖户越来越重视肉牛的品质，传统自然交配（本交）已无法满足现代肉牛养殖的需要，品改（人工授精）站已成为农村一个新兴的行业，要建立品改站主要包括以下2个方面：

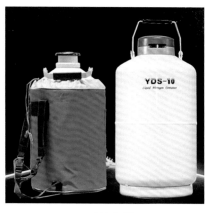

10升液氮罐

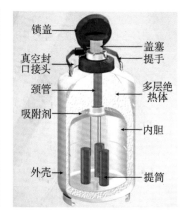

液氮罐结构图

细管输精枪

输精枪外套管

兽用长臂手套

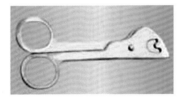 

细管剪刀　　　　　　　　　长镊子

（1）软件条件：至少有一名参加过正规人工授精技术培训，并能独立进行人工授精操作的技术员，最好是取得《家畜繁殖员》职业资格证书（相当于从业资格证书）的技术员。

（2）硬件条件：专用房间、液氮罐（存贮冻精）、输精枪及外套管、细管剪刀、长臂手套、镊子（夹取冻精）、液晶显示显微镜、恒温水浴锅、温度计。

23. 母牛最佳配种时间是什么时候？

一般适宜的配种时间应在母牛发情转入末期不久，通过直肠检查法，触诊检查卵泡的发育情况，触摸卵巢表面，卵泡部分突出，波动明显，泡壁变薄，紧张而有弹性，有一触即破的感觉，此时配种最佳。一般情况早上发情明显，下午配种；或下午发情明显，次晨配种。年老体弱的母牛，发情持续期较短，排卵较早，配种时间要适当提早。故有"老配早，小配晚，不老不小配中间"之说。有的母牛发情持续时间长，有个体差异，配种时间要视情况而定。

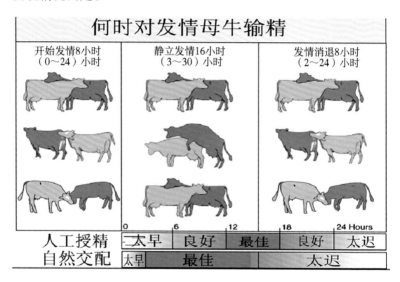

24. 如何提高母牛人工授精受胎率?

牛人工授精技术要求较高，一般新手人工授精受胎率都不高，要经过长期实践受胎率才较高，要提高母牛人工授精受胎率，需要注意以下几个方面：

（1）冻精应严格保存和解冻：母牛冷配受胎率低与冻精使用时精子活力有较大关系，当冻精保存或解冻不当时便会严重影响精子活力，因此冻精在使用过程中应严格保存和解冻。

①购买正规渠道冻精，并在运输及日常保存过程中，都应全程使用液氮罐进行超低温保存，尽可能避免反复放入、取出，同时还应定期检查液氮量，以及时增添液氮。

②冻精解冻水温控制在 36℃～38℃，解冻过程中应做到快拿、快放、快解、快用，最好在解冻后 1 小时内进行输精，不要超过 2 小时。有条件者还可采用显微镜观察精子活力，合格后再进行使用。

（2）做好发情鉴定并适时配种：有些时候母牛冷配受胎率低，则是因为养牛户未做好母牛的发情鉴定与适时配种，要做到及时发现发情，实时通知配种员。

①发情鉴定：母牛发情时表现为采食量下降、兴奋不安、不断哞叫、水门肿胀、内壁潮红、有黏液流出、排尿次数增加，牛之间相互追赶、嗅闻，接受其他牛爬跨或爬跨其他牛。有经验的养牛户对母牛进行直肠检查，可发现有成熟的卵泡突出于卵巢表面，质地较软，波动明显，如熟葡萄一般。

②适时配种：母牛排卵前 6 小时为最佳输精时间段，即母牛出现发情表现 8～12 小时后。一般早晨出现发情表现傍晚配种，傍晚出现发情表现次日早晨配种。不能确定准确配种时间的情况下，可以采用复配，即第 1 次配种 8～12 小时后再次配种 1 次。

（3）淘汰问题母牛：当母牛自身出现问题时同样会影响冷配受胎率，养牛户应及时淘汰年老体弱、卵巢发育异常以及患有布病的母牛，对于患有子宫炎症的母牛可进行对症治疗，经治疗无效后同样应进行淘汰。

（4）加强饲养管理：母牛日常饲养管理不当，如营养供给不足、饲养环境较差以及缺乏运动等，均可影响母牛的正常生殖机能，因此须加强饲养管理。

①合理搭配饲料：合理对饲料进行多元化搭配，以保证营养

更加均衡。根据母牛膘情、妊娠期以及体重等制订饲喂量，一般空怀期母牛保持 7～8 成膘情即可，孕期母牛则需要保持 8～9 成膘情。

②改善饲养环境：做好圈舍卫生消毒工作，尽可能使圈舍保持清洁干燥。冬季寒冷时做好保温工作，夏季炎热时做好遮阳降温工作，春秋季尽可能减少昼夜温差。

③增加运动量：适当增加母牛运动量，可改善母牛生殖机能。母牛圈养应配备较为宽敞的运动场，每天让其自由活动 6～8 小时，有条件的情况下每天还可刷拭牛体 5 分钟，以保持牛体清洁，促进血液循环。

25. 引起母牛繁殖障碍有哪些原因？

母牛的繁殖过程包括一系列顺序协调的环节，从发情、排卵开始，经过配种、受精、受精卵附植及妊娠、分娩、泌乳，其中任何一个环节出现异常均可导致繁殖障碍的发生。引起母牛繁殖障碍的主要原因有：

（1）管理不当。饲料中营养不均衡，缺乏矿物质或维生素可以导致母牛的发情周期紊乱或长时间不发情；饲料中缺硒时母牛繁殖率下降，而且容易导致胎衣不下；缺钴可以导致母牛消瘦、衰竭和基础代谢率下降，从而降低母牛的生产性能；饲料中精料比例太高，加上母牛活动不足，容易导致母牛过肥，也不容易发情。

（2）疫病。主要包括布氏杆菌病、牛传染性鼻气管炎、牛黏膜病、牛沙门氏菌病等。

（3）繁殖技术失误。人工授精、助产等技术操作失误，引起母牛生殖道的污染，从而导致母牛出现繁殖障碍。

26. 如何预防母牛繁殖障碍?

预防母牛繁殖障碍的主要措施有:

(1) 每年 3—4 月排查布氏杆菌病,确诊后扑杀病牛,并进行无害化处理。

(2) 日常饲养应保证母牛的营养均衡和母牛适中的膘情。

(3) 保持牛舍的通风、凉爽,不要太挤。

(4) 人工授精时,操作要严格规范,输精前对外阴部清洗、消毒,输精操作轻缓,不要损伤生殖道,精液保证无污染。

(5) 分娩时,严格对产房、用具及牛的外阴消毒,在犊牛产出后或胎衣排出后进行子宫清洗和药物灌注处理,预防继发感染;对患有子宫内膜炎的及时治疗。

27. 母牛屡配不孕怎么处理?

屡配不孕指的是生殖器官正常、性周期正常、发情正常、体况健壮,连续配种 3 次以上都不受孕的母牛。母牛屡配不孕给养殖户带来很大困扰,严重影响母牛养殖效益。

造成不孕的原因有多方面,①先天性:由先天性或遗传性因素导致生殖器官异常或发育畸形。②营养性不育:母牛营养不足、营养过剩、维生素缺乏、矿物质缺乏等原因引起。③疾病性:产后护理不当;流产、死胎等引起的子宫炎、阴道炎症;患有输卵管、卵巢等疾病;寄生虫、布病、结核病等病症都可引起母畜不孕。④管理因素:运动量少、哺乳期长、圈舍卫生条件差、饲养管理方式不当、对外环境的不适应等都可引起母牛不孕。⑤繁殖技术性:发情鉴定不准确、配种方式不当、配种时精液解冻方式错误等。⑥衰老性:母畜年老生殖器官萎缩、生殖机能衰退。

生产要根据每一头屡配不孕母牛生殖道和卵巢等实际情况，考虑是治疗还是淘汰处理，需治疗的及时采取对症处理和治疗方案。

对先天性不育及衰老性不育母牛应及时淘汰；对营养性和管理导致不孕的可以补充营养和加强饲养管理来改善解决；对繁殖技术导致不孕的要加强对养殖人员的技术培训，掌握发情鉴定、妊娠检查、人工授精等基本技术；疾病性不孕先做好诊断，对不同疾病（如慢性子宫内膜炎、卵泡囊肿、持久黄体、子宫机能退化等）及时采取相应的治疗方案，如果是母牛患有传染性疾病要及时淘汰。

28. 如何防止近亲繁殖？

牛近亲繁殖对后代影响很大，一是后代品种容易退化；二是后代容易出现死胎、弱犊、僵牛、畸形牛；三是后代生长速度及抗病能力差。因此养牛应当避开近亲繁殖，主要方法如下：

（1）定期更换种公牛。人工授精的情况下应注意同一品种公牛冻精号，所产母牛要更换不同公牛的冻精，本交的情况下每隔2～3年则要更换一次种公牛，这样可以在较大程度上避免牛近亲繁殖。

（2）做好配种记录。牛配种时应做好相关记录，配种时间、公母牛编号等，牛犊出生后则要打上耳标，等牛犊长大后便可以根据配种记录避免近亲繁殖。

29. 牛有多胎吗？产双胞胎怎么办？

牛属于单胎动物，在自然条件下产双胞胎的概率非常低，只有万分之一，不过利用现代技术使牛产双胞胎不是难题。主要有2种技术：一是超数排卵。正常情况下牛每次发情只能排一枚卵子，人为使用药物使其一次排多枚卵子，同时掌握好配种时机便可以使牛产双胞胎甚至多胞胎，常见的药物有促卵泡素 FSH 和孕马血清等；二是胚胎移植。就是将多枚胚胎移植到一头母牛的子宫内，一般移植几枚胚胎便可以产几头牛犊，不过实际操作起来对技术要求高，且成本也比较高，因此这项技术一般多用于科研和高价值牛的繁殖。

产双胎和多胎看似好事，但多数养牛户都不愿意让牛产双胞胎。一来产双胞胎对母牛的伤害比较大，如妊娠过程中容易出现阴脱和流产，生产时容易出现难产，产后母牛恢复慢等，本来可以利用 8～9 年的母牛，连产两次双胞胎后可能就会失去生产价值；二来双胞胎的牛犊多比较弱，相对于单胎牛犊来说不仅长得慢，而且容易生病，成活率比较低。

如果生产上遇上母牛产了双胎，首先，要对母牛加强产后保健护理，喂给母牛温热、足量的麸皮水（含 5% 麸皮、2.5% 的红糖、0.5% 食盐、0.2% 碳酸氢钙）；注射缩宫素促进胎衣排出，防止子宫脱出，注射氟尼辛葡甲胺止疼，注射广谱抗生素消炎。其次，加强母牛的饲养管理，给足量优质青干草，任母牛自由采食，并逐渐补以配合精料，保证营养，采用催奶措施，增加奶水哺乳犊牛。再次，如是母牛奶水不足，应购买奶粉或代乳粉，1份奶粉用 7 份温开水稀释，给犊牛补饲。

三、母牛疾病防治技术

1. 如何观察牛的几项正常生理指标?

牛的生理参数的测定要结合日常观察和疾病发生的情况,一般随机测定,测定内容根据具体情况决定。正常生理参数如下:

黄牛的正常体温为 37.5℃~39.5℃,水牛为 36.5℃~38.5℃。

黄牛每分钟呼吸 10~30 次,水牛 10~50 次。

黄牛脉搏数为每分钟 50~80 次,水牛 30~50 次。

正常牛每日排粪 10~18 次,排尿 5~10 次,粪量 20 千克左右,尿量 6~12 升。健康牛的粪便有适当硬度,牛粪为一节一节的,但肥育牛粪稍软,排泄次数一般也稍多,尿一般透明,略带黄色。

2. 怎样给牛测体温?

从牛的体温一般能判断出病牛还是健康牛,许多疾病,体温的升高是一个重要表现,往往较其他症状出现得更早,及时检测体温对早期发现病牛、判断病性、验证疗效、推断预后均有重要意义。

测温前,先把体温计的水银柱甩到 35℃ 以下,用酒精棉球消毒并涂以润滑剂或水再行使用。牛应加适当地保定,检查人站在牛正后方,左手提起牛尾,右手将体温计向前上方缓慢插入肛门内,用体温计夹子夹在尾根部毛上,3~5 分钟后取出,查看读数。黄牛、奶牛的正常体温为 37.5℃～39.5℃，水牛为36.5℃～38.5℃。

根据体温升高的程度，可分为微热（体温升高 1.0℃）、中等热（体温升高 2.0℃）、高热（体温升高 3.0℃）、最高热（体温升高 3.0℃以上）。发热的程度可反映疾病的程度，范围及其及性质。发热的临床表现，主要是精神沉郁，食欲减退或废绝，反刍减少，瘤胃和肠蠕动音减弱，皮肤温度不整，粪便干燥，尿量少，色暗，呼吸、心率加快。

（1）微热：多见局限性的炎症及轻微病程时，如感冒、口腔炎、卡他性胃肠炎等。

（2）中等热：主要常见于消化道、呼吸道的一般性炎症以及某些亚急性、慢性传染病，如胃肠炎、支气管炎、咽喉炎、牛结核、布氏杆菌病等。

（3）高热：可见于急性感染性病与广泛的炎症，如牛流行热感冒、牛巴氏杆菌病、大叶性肺炎、急性弥散性的胸膜炎与腹膜炎等。

（4）最高热：提示某些严重传染病，如传染性胸膜肺炎、脓毒败血症、口蹄疫、牛流行热、中暑等病。

（5）体温降低：体温低于正常范围，临床上多见于严重贫血、营养不良、休克、大出血，以及多种疾病的濒死期等。

肛门测体温

体温低于 36℃，同时伴有发绀、高度沉郁或昏迷、心脏微弱，多提示预后不良。

3. 怎样观察牛咳嗽？

健康牛通常不咳嗽，或仅发一两声咳嗽。如连续多次咳嗽，常为病态。通常将咳嗽分为干咳、湿咳和痛咳。

（1）干咳：声音清脆，短而干，疼痛比较明显。干咳常见于喉炎、气管异物、气管炎、慢性支气管炎、胸膜肺炎和肺结核病。

（2）湿咳：声音湿而长、钝浊，随咳嗽从鼻孔流出大量鼻液。湿咳常见于咽喉炎、支气管炎、支气管肺炎。

（3）痛咳：时声音短而弱，病牛伸颈摇头。痛咳见于呼吸道异物、异物性肺炎、急性喉炎、胸膜炎、创伤性网胃炎、创伤性心包炎等。此外，还可见经常性咳嗽，即咳嗽持续时间长，常见于肺结核病和慢性支气管炎。

4. 怎样观察牛反刍？

反刍动物采食之后，周期性地将瘤胃中的食物返排至口腔并重新咀嚼后再咽下，称为反刍。通常在安静或休息状态下进行。健康牛一般在喂后半个小时至一个小时开始反刍，每天反刍4～10次，每次持续20～40分钟或1小时，反刍时返回口腔的每个食团进行30～50次咀嚼，然后再咽下。

（1）反刍功能减弱：主要是前胃机能障碍的表现，见于前胃弛缓、瘤胃积食、瘤胃臌气、创伤性网胃炎、瓣胃阻塞及真胃变位引起前胃功能障碍的全身性疾病。

（2）反刍完全停止：是病情严重的标志之一，如反刍逐渐恢复，则表示病情有所好转。见于前胃弛缓及创伤性网胃炎或严重的全身性慢性消耗性疾病（结核病）。

5. 怎样观察牛嗳气？

嗳气是反刍动物的一种生理现象，借以排出瘤胃内贮积的气体，健康牛一般每小时嗳气 20～40 次。嗳气时，可用视诊、听诊方法检查牛的嗳气活动。当嗳气时，可在牛的左侧颈静脉沟处看到由颈基部向上的气体移动波，有时还可听到咕噜声。

（1）嗳气减少：表现为瘤胃机能障碍或内容物干涸，见于前胃迟缓、瘤胃积食、真胃疾病、瓣胃阻塞、创伤性网胃炎、继发前胃功能障碍的传染病和热性病。

（2）嗳气停止：见于食道梗塞，严重的前胃功能障碍，常继发瘤胃臌气。急性瘤胃臌气的初期，可见一时性的嗳气增多，后期则转为嗳气减少或完全停止。当牛发生慢性瘤胃迟缓时，嗳出的气体常带有酸臭味。

6. 怎样检查牛的眼结膜？

检查牛眼结膜，通常需检查牛的眼球结膜，即巩膜和眼睑结膜。

方法：一手握住笼头，另一手的拇指放于下眼睑中央的边缘

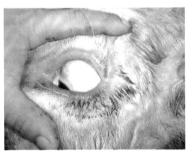

牛结膜检查方法

处，食指则放于上眼睑中央的边缘处；分别将眼睑向上下抛开并向内眼角处稍加压，如此则结合膜将充分露出。

为牛检查结膜时，只看巩膜，两手持牛角，使牛头转向侧方，巩膜自然露出。结膜苍白、结膜弥漫性潮红和结膜黄染等变化，均属疾病状态。

7. 怎样检查牛的呼吸数？

在安静状态下检查牛的呼吸数。一般站在牛胸部的前侧方或腹部的后侧方观察，胸腹部的一起一伏是一次呼吸。计算 2 分钟的呼吸次数平均数，健康成年牛每分钟为 10～30 次。在炎热季节、外界温度过高、日光直射、圈舍通风不良时，牛的呼吸数增多。

（1）呼吸次数增多常见于牛结核、牛巴氏杆菌病、传染性胸膜肺炎、流行感冒、贫血、瘤胃胀气、骨折、脑充血、脑膜炎、亚硝酸盐中毒及寄生虫病等。

（2）呼吸次数减少常见于临床上比较少见，通常的原因是引起颅内压显著升高的疾病，如慢性脑积水、流行脑炎。

8. 怎样检查牛的呼吸方式？

动物的呼吸活动由吸入呼出两个阶而组成一次呼吸。呼吸的频率一般以次/分表示之。健康牛的呼吸方式呈胸腹式，即呼吸时胸壁和腹壁的运动强度基本相等。检查牛的呼吸方式，应注意牛的胸部和腹部起伏动作的协调度和强度。

（1）胸式呼吸：即胸壁的起伏动作特别明显，多见于急性瘤胃臌气、急性创伤性心包炎、急性腹膜炎、腹腔大量积液等。

（2）腹式呼吸：即腹壁的起伏动作特别明显，常提示病变在胸壁，多见于急性胸膜炎、胸膜肺炎、胸腔积液、心包炎及肋骨骨折、慢性肺气肿等。

9. 如何检查牛的脉搏数？

在安静状态下检查牛的脉搏数。通常是触摸牛的尾中动脉。检查人站立在牛的正后方，左手将牛的毛根略微抬起，用右手的食指和中指压在尾腹面的尾中动脉上进行计数。计算1分钟的脉搏数。脉搏数的病理性增多，是心动过速的结果，引起脉搏数增多的病理因素主要有：

（1）所有的热性病，一般体温每升高一度，可引起脉搏1分钟相应地增加4～8次。

（2）心脏病，如心肌炎、心包炎，机能代偿的结果使心动加快而脉搏数增多。

（3）呼吸器官疾病：如患各型炎或胸膜炎时，由于呼吸面积减少而引起碳、氧交换障碍，心搏动加快而脉搏数增多。

（4）各型贫血或失血性疾病：如拉稀而引起严重脱水。

（5）伴有剧烈疼痛的疾病：如四肢痛，可反射地引起脉搏数加快。

测牛脉搏数

10. 怎样看牛的鼻液是否正常？

鼻液量的多少，反应牛疾病发展的时期、程度、病变的性质和范围。健康牛有少量鼻液，牛常用舌头舔掉。如见较多鼻液流出则可能为病态，通常可见黏液性鼻液、脓性鼻液、鼻液中混有鲜血、鼻液呈粉红色、铁锈色鼻液。鼻液仅从一侧鼻孔流出，见于单侧的鼻炎、副鼻窦炎。

（1）鼻液的量多：牛呼吸道有急性炎症时，有多量或大量鼻液。可见于急性鼻炎、急性咽喉炎，肺脓肿破裂、流行感冒、牛结核、牛恶性卡他热等病。

外伤鼻流鲜血

黏性鼻液

脓性鼻液

黏性鼻液

（2）鼻液的量少：有慢性或局限性呼吸道炎症时，鼻液量少。见于感冒、牛巴氏杆菌病、慢性鼻炎、慢性支气管炎、慢性肺结核等病。

（3）鼻液的量不定：鼻液量时多时少，多见于患副鼻窦炎的牛。牛自然站立时，只有少量鼻液，运动后或低下头时，则有大量鼻液流出。肺脓肿、肺坏疽，鼻液量也不定。

11. 怎样检查牛的口腔，检查时应注意哪些事项？

牛的口腔检查要注意流涎、气味、口唇、黏膜的温度和湿度、着色及完整性（损伤和疹疱），舌头和牙齿的变化。一般用视诊、触诊、嗅诊等方法进行。

给牛的口腔检查时，用一只手的拇指和食指，从两侧鼻孔捏住鼻中隔并向上提，同时用另一只手握住舌并拉出口腔外，即可对牛的口腔全面观察。

健康牛口黏膜为粉红色，有光泽。口黏膜有水泡，常见于水泡性口炎和口蹄疫。口腔过分湿润或大量流涎，常见于口炎、咽炎、食道梗塞、某些中毒性疾病和口蹄疫。口腔干燥，见于热性病，长期腹泻等。当牛食欲下降或废绝，或患有口腔疾病时，口内常发生异常的臭味。当患有热性病及瘤胃积食、胃肠炎时，舌苔常呈灰白或灰黄色。

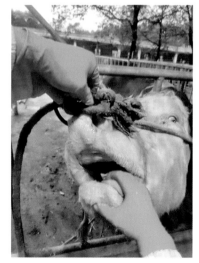

牛口腔检查

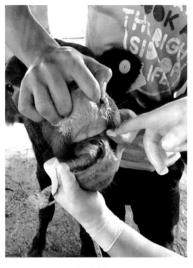 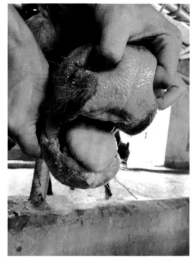

舌头掉皮 　　　　　　　　　　舌头上有出血点

12. 怎样看牛排粪是否正常？

正常牛的排粪次数与采食饲料的数量、质量有密切关系，每天排粪 10～18 次。牛排粪便时背部微弓起，后肢稍微开张并略往前伸。

（1）便秘：表现排粪费力，次数减少、排出量少，粪便干结、色深外表有黏液或带血，见于瘤胃弛缓、积食和热性疾病等。

（2）腹泻或下痢：表现为频繁排粪或排粪失禁，粪便可能呈稀粥、水样，见于直肠炎、牛的肠结核、副结核、犊牛副伤寒、肠道寄生虫病、饲料中毒及某些中毒病。

（3）失禁自痢：病牛不采取排粪姿势，就不自主地排出粪便，见于持续性腹泻和腰荐部脊髓损伤。

（4）排粪带痛：在排粪时表现疼痛不安，弓腰努责，常见于腹膜炎、直肠损伤和创伤性网胃炎等。

正常粪便

犊牛拉白痢

粪便带血

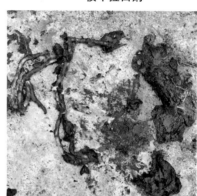

粪便带寄生虫

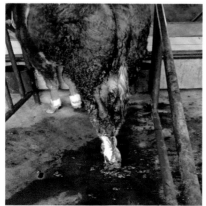

胸膜肺炎拉鲜血

粪便带寄生虫

13. 如何进行尿液感观检查？

据牛品种、饲料、饮水、出汗等条件等不同而不同，新鲜尿液均呈深浅不一的黄色，黄牛为淡黄色、水牛尿呈水样外观，陈旧尿液则色泽变深。尿液感观检查，主要是检查尿液的颜色、气味及其数量等。排出的尿液异常：强烈氨味、醋酮味、尿色变深、尿色深黄、红尿、白尿和尿中混有脓汁。

（1）血尿是尿中混有血液：见于尿道炎、阴道炎、子宫炎症、结石、外伤、牛败血症、牛焦虫病等。

（2）尿液气味：不同的动物新排出的尿液，因有挥发性有机酸，各具有一定气味。如膀胱或尿道有溃疡、坏死、化脓或组织崩解时，由于蛋白质分解，尿带腐败臭味；奶牛酮病或消化系统某些疾病，由于尿含酮体而发生一种烂苹果香味；服用松节油后，尿带堇菜味；樟脑、乙醚、酚类等各使尿有该药物特有气味。

14. 怎样给牛进行皮下、皮内注射？

皮下注射一般是没有强刺激性的某些药物、疫苗采用，皮内注射一般用于牛结核菌素皮内反应检疫、结节病、炭疽芽孢苗免疫注射。

（1）皮下注射方法：用左手拇指、食指和中指将皮肤轻轻提起呈三角形，右手持注射器，将针头与牛身体呈 30 度角向皮下方刺入 2～3 厘米，将药液推入。左手放开皮肤，皮下有小泡鼓起，示为正确。拔出针头，局部用酒精棉球压迫针孔。

（2）皮内注射方法：注射部位在颈侧，有时在尾根。用左手捏起皮肤，右手持针管将针头与皮肤成 30 度角刺入表皮与真皮之间，缓慢注入药液，推注时会感觉到明显的阻力，注射以局部形成丘疹状隆起为准。注射后按要求观察反应。

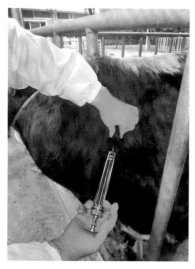

牛颈部皮下注射

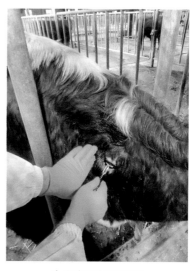

牛皮内注射前剃毛

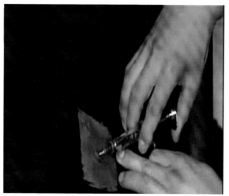

牛颈部皮内注射

牛尾根皮内注射

15. 怎样给牛进行肌内注射?

肌内注射的部位:多在颈侧及臀部,应避开大血管及神经,犊牛以颈部注射为宜,以免损伤坐骨神经;注射用针型号根据牛的体格大小来确定。

方法:左手的拇指与食指轻压注射部位,右手如执笔式持注射器,使针头与皮肤呈垂直,迅速刺入肌肉内 2～4 厘米,然后用左手拇指、食指把住针头结合部以食指节顶在皮上,再用右手抽动针筒活,确认无回血时,注入药液。注射完毕,用左手持酒精棉球压迫针孔部,迅速出针头。过强的刺激药,如水合氯醛、氯化钙、水杨酸钠等,不能进行肌内注射。

颈部肌内注射

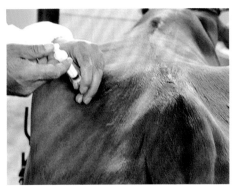
臀部肌内注射

16. 怎样给牛进行静脉注射?

对牛局部刺激性大的药液,或牛需要大剂量补液、药效需快速发挥效果时,适宜用静脉内注射。

首先将牛头拉出栏外偏向一侧(并打笼套)进行保定好,静脉注射,多选在颈静脉沟上 1/3 和中 1/3 交界处的颈静脉血管。注射前,局部剪毛消毒,排尽输液管中的空气。注射时以左手按压注射部位的下部,使血管怒张,右手持针,在按压点上方约 2厘米处,垂直或呈 45 度角刺入静脉内,见回血后,将针头继续顺血管推进 1～2 厘米,接上针筒或输液管,用手扶持或用夹子把胶管固定在颈部,缓缓注入药液。注射完毕,迅速拔出针头,用酒精棉球压住针孔,按压片刻,最后涂以碘酒。注入大量药液时速度要慢,以每分钟 30～60 毫升为宜,药液应加温至接近体温,一定要排净注射器或胶管中的空气。注射刺激性的药液时不能漏到血管外。

牛静脉输液回血　　　　　　　　　　　牛静脉输液

17. 怎样给牛进行乳腺内注射?

　　用于治疗乳房炎,注射部位为乳头的排乳孔内。多用通乳针,或将大号长针头剪去尖端部分再将其磨成钝圆,以免损伤乳腺管。然后将消毒好的通乳针或钝圆的针头通过排乳孔插入乳腺管。注射前,需将乳房洗净擦干,将乳房内的奶汁完全挤出,并对乳头消好毒，然后缓慢注入药液，注入完毕拔出通乳针，轻轻捏住乳头孔，并按摩乳房。数个乳房需要同时注射药液时，先注射健康乳室，后注射病乳室。乳腺炎也可选用专门乳房灌注制剂药物治疗，其注射器为一次性的，干净卫生，使用方便，一个乳区一支。

牛羊通乳灌注针

通乳针

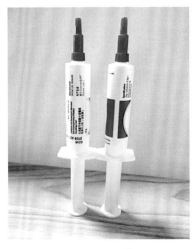

乳房炎专用药

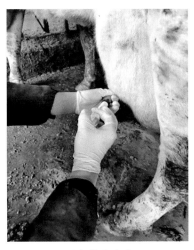

乳房灌注治疗

18. 如何给牛做子宫冲洗术？

子宫冲洗是治疗慢性子宫内膜炎的一种有效方法。当子宫颈封闭插管有困难时，可用雌激素刺激，促使子宫颈松弛，开张后再进行冲洗。冲洗的次数应根据子宫内膜炎的性质而定。患慢性子宫内膜炎时一般子宫内积聚的渗出物不多，冲洗子宫可以每天或隔日1次。若为黏液脓性子宫内膜炎或纤维素子宫内膜炎则每天冲洗2～3次，直到渗出物减少时，可改为每天1次或隔天1次。

冲洗液的温度一般为35℃～40℃较好。每次冲洗液的数量不宜过大，一般500～1000毫升，并分次冲洗直到排出的溶液变透明为止。冲洗子宫应严格做到无菌操作。使用子宫冲洗器或颗粒冻精输枪，长70～80厘米，冲洗前需将所有的洗涤器具和洗涤液作灭菌消毒后备用。操作时，牛取站立固定位，将会阴及肛门周围用0.1%新洁尔灭液或高锰酸钾液清洗，手术者手臂也用其清洗消毒，再用2%碘酊涂擦。将子宫冲洗器涂上消毒的石蜡油，经阴道、子宫颈，小心地送入子宫。选择适当的药液，从子宫冲洗器内套管注入子宫，进行冲洗，冲洗后的污液随子宫的收缩不断从外层导管排出。为加快洗涤液的排出，可采用经直肠按摩子宫法以促使子宫收缩，直至排出液与注入子宫的洗涤液一样清亮为止，最后排尽洗涤子宫的药液。若用胃管或导尿管洗涤时，每次注入500～1000毫升药液后，待胃管或导尿管中的洗涤液尚未完全流入子宫前，迅速放低洗涤导管的体外端，利用虹吸作用排出子宫中的洗涤液，然后再注入500～1000毫升的洗涤液，再用上述方法排出洗涤液。如此反复数次，直至排出液与注入的洗涤液一样清亮并排尽为止。冲洗完成后，可通过冲洗涤管向子宫内注入抗菌、防腐消毒类药液，最后拔出子宫冲洗器。应注意的是，冲洗子宫时，冲洗液一般控制在500～1000毫升为宜，反复洗涤的总药量控制在5000～10000毫升；冲洗时注入的压力不宜过大，操作时动作切忌粗暴，以免损伤子宫或导致子宫穿孔；洗涤药液的温度一般加温至38℃左右为宜，此温度有止痛、镇静作用。

子宫冲洗   子宫冲洗

19. 如何给牛灌服用药?

牛很多时候需要灌服中药、投喂药丸等，根据剂型和药物的性质，可选用直接灌服或胃管来投喂。直接灌服的药刺激性不能太大，否则会损伤牛食道的黏膜。

先要保定好牛的头，但不要抬得太高或牛头扭转，以免影响牛吞咽，再将灌药瓶或灌药器插入牛的口腔，插入时要从靠近自己一侧的牛嘴角插入，然后把药液倒进口内。

对刺激性大的药或大剂量的灌服药液，不能或不便直接通过口和食道灌进，可用胃导管先插入胃中，再把药通过导管注入。胃导管插入时要特别注意，不要插入牛的气管，插入后可以通过闻导管里出来的气体的气味，如在瘤胃中，则可闻到明显的酸臭味，导管里没有明显的气流，如果插入后牛反应强烈，不断咳嗽，在导管口闻不到酸臭味，并能明显感觉到呼吸出来的气流，则在气管内，应重插。

20. 为什么新购的牛容易生病?

新购回的牛往往容易发病，特别是在一些刚开始养牛、没有经验的养殖场。新购回的牛发病原因主要有以下几方面：

（1）牛本身处于亚健康状态或处于带病未发病状态，在当地没有应激的情况下可能养到出栏都不会发病，但只要经长途运输到外地就很容易发病。

（2）长途运输应激是导致肉牛发病的主要原因，可能牛本身是健康的，但是长途运输后便会处于亚健康状态，主要经异地长途运输，两地气候环境差异，特别是肉牛运输途中的冷热、风雨、惊吓、饥渴、颠簸、体力耗损等多种应激，造成机体抗病力下降，病原微生物趁机而入，如支原体、大肠杆菌、巴氏杆菌等，这些病原微生物可引起呼吸道、消化道乃至全身反应，肉牛

牛肺肉样病变，有结节

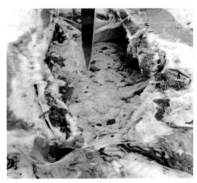
牛胸腔积水

牛胸膜肺炎流脓鼻液

胸腔积水导致肺浸泡坏死

机体便可能遭受疫病的侵袭。

（3）饲养环境及饲养管理的变化，如气候条件、饲草料、栏舍条件、饲养方法等对新进的牛应激反应非常大，有时肉牛可能很长时间不能适应新的环境及饲养管理，导致肉牛到场后体质变得越来越差，这也是牛刚到场后没有问题，过几天就陆续发病的原因。

21. 如何减少肉牛长途运输应激反应？

首先，需要外地购牛的养殖户必须做好充分的准备工作才能引进牛，不可盲目引种。不要从疫区或发病区引进牛只，尽量不要去交易市场购牛，最好去正规的养殖场引种，如果初次养牛，引牛时请个养牛经验丰富的人帮忙把关；引牛时应请专业人士去现场做好两病的检测，两病为阴性方可引进。

其次，要加强运输途中牛的防护工作。选择天气凉爽的春秋运输对牛的应激较小，夏季运输则要安装遮阳网，冬季运输要安装挡风布。装车前车厢上要铺上干草或草垫；路途远的带上路上2～3天吃的草料，如果有条件的可以多带当地饲草料，减少到场后草料带来的应激，运输途中车速不能过快，避免急刹车；如果运输路途较远，每天要喂给牛适量的草料和饮水，饮水中可加入适量的葡萄糖和电解多维来减少应激；押运途中每间隔3～4小时就要停车检查牛群状况，防止出现踩踏、脱水等意外情况，尽量做到早发现早处理。

外地购牛时车厢内垫草防滑

最后，要做好运输到场后的护理。牛群进场后不宜立即给予饮水，一般 2 小时后给予饮水半饱为宜，可添加多维缓解应激，还可添加适量滑石粉和碳酸氢钠粉恢复胃肠机能。牛群休息 3～4 小时后，可给予少量的优质人工牧草或干草。牛运回来后必须进行隔离观察 30～45 天，隔离期间可以再做一次两病检疫，免疫接种口蹄疫疫苗，并进行驱虫。

牛到场后饲喂少量青草

长途运输不拴牛，准备草料和饮水

22. 牛瘤胃臌气是如何发生的？临床表现及防治措施是什么？

瘤胃臌气分原发性和继发性两种，原发性瘤胃臌气主要是由于采食大量易发酵饲料，导致大量气体产生，引起瘤胃急剧过度膨胀，如早春第一次放牧或舍饲大量青嫩多汁牧草，尤其是豆科牧草，或食入腐败变质饲料。继发性瘤胃臌气主要是瘤胃壁收缩力减弱、嗳气受阻，常继发于食道阻塞，瓣胃弛缓和阻塞，真胃溃疡和扭转，创伤性网胃炎等。

（1）临床表现：患急性瘤胃臌气的牛，腹部增大，左侧膨胀最明显，叩诊呈鼓音，听诊瘤胃初期蠕动增强，以后转弱或消失。牛站立不稳、惊恐、出汗、呼吸困难，眼球突出，慢性发病者，常呈同期性发作，时间长者会继发便秘、下痢等。

（2）预防措施：预防的主要措施是注意喂食。在春秋季节用幼嫩青草喂牛时要掺些优质的干草，不要饲喂块根、块茎类粗硬劣质难以消化的饲料，同时保证充足的饮水。

（3）治疗方法：发生急性膨气时，应采取急救措施，用套管针进行瘤胃穿刺放气，放气开始要慢慢进行，防止脑贫血。属于泡沫性膨气者，可经套管针注入松节油 100 毫升、

牛瘤胃膨气穿刺

鱼石脂 20 克、95％酒精 100 毫升，一次性注入瘤胃，同时灌服反刍消胀灵 500 毫升，一次性灌服，肌内注射氨甲酰胆碱或新斯的明 20 毫升。

牛瘤胃膨气放气

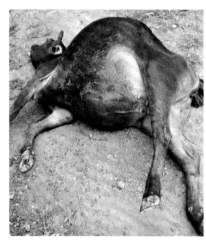

处理不及时导致死亡

23. 如何防治牛瘤胃积食？

该病又称瘤胃食滞、瘤胃阻塞，也称为急性瘤胃扩张，中医称宿草不转，是以瘤胃内容物停滞和阻塞，前胃机能障碍形成脱水和毒血症的一种严重疾病，老龄、体弱的舍饲牛多发。其发病原因是前胃收缩力减弱，采食大量难以消化的饲草或容易膨胀的饲料导致。如秋冬季节过食枯老的甘薯藤、黄豆秸、花生秸等粗料，加上饮水不足。

（1）诊断：触诊患病瘤胃区感觉瘤胃内容物充满、扩张、坚硬；病初食欲、反刍、嗳气减少或停止，背拱起时作努责状，头向后躯顾盼，后肢踢腹，磨牙、摇尾、呻吟，站立不安，时卧时起，卧地时一般右侧横卧；后期病牛呼吸浅表、增数，心率加快，皮温不整，耳根冰凉，全身战栗，眼球下陷黏膜发绀，全身衰弱，卧地不起。

（2）治疗：原则上是促进瘤胃蠕动、消食化积、防止脱水和酸中毒。主要方法是泻下，硫酸钠（镁）500克，液状石蜡油1000毫升，加水2升一次性灌服；反刍消胀灵500～1000毫升，一次性灌服；同时对病情严重的牛可进行补液，防止酸中毒，氯化钠2000毫升，葡萄糖1000毫升，维生素C 2克，碳酸氢钠300～500毫升，肌内注射新期的明20毫升。

（3）预防：主要是草不要铡得太短；填精料时要注意与草拌匀；没分槽定位的牛不能精料归堆，防止牛过食多的精料；饲养中也要防止突然变更饲料。

24. 如何防治牛前胃弛缓？

前胃弛缓是反刍动物前胃兴奋性和收缩力量降低的疾病。

（1）诊断：临床特征为食欲、反刍、嗳气紊乱，胃蠕动减弱或停止。主要表现食欲减退或废绝，反刍无力、次数减少甚至停止，瘤胃蠕动减弱次数减少。触诊瘤胃内容物充满或呈粥状，出现轻度间歇性臌气，长时间弛缓会导致瘤胃微生物群失衡，引起消化功能障碍，可继发酸中毒。体温、呼吸、心率一般正常。实验室检查瘤胃内容物 pH 值下降到 5.5 以下或更低，少数病例可能上升至 7.5 以上，甚至更高，必要时可测定瘤胃液内纤毛虫活性以帮助诊断。

（2）治疗：原则是消除病因，调整日粮，促进瘤胃蠕动，健胃制酵，调节瘤胃 pH 值，防止机体酸中毒和脱水。

①增强瘤胃机能。可用氨甲酰胆碱 1～2 毫克，或新斯的明 10～20 毫升，肌内注射。但对病情重剧，心脏功能不全，伴发腹膜炎，特别是妊娠母牛禁止应用，以防虚脱和流产。

②补充电解质。10%硼葡萄糖酸钙溶液 500 毫升，10%氯化钠 200～500 毫升，10%安钠咖溶液 10～20 毫升，静脉注射。

③消除胃肠内容物并制酵。用硫酸钠或硫酸镁 300～500 克，鱼石脂 20 克，温水 5～10 升，一次内服，或用液状石蜡 1000 毫升，灌服。

④改善瘤胃内环境。当瘤胃容物 pH 值降低时，用氢氧化镁 200～300 克，配成水乳剂，并用碳酸氢钠 50 克，1 次内服。当 pH 值升高时，可用稀盐酸 20～40 毫升，或醋适量，内服。也可从健康牛口中迅速取得反刍食团并立即投入病牛口中使其咽下，进行纤毛虫接种，或取健康牛瘤胃液给病牛灌服接种。

（3）预防：主要是改善饲养管理，合理饲喂。饲喂优质易消化饲料，不喂霉变、腐烂、冰冻饲料，不突然更换饲料；避免过度使役，舍养母牛要适当地运动。

25. 如何防治牛创伤性网胃腹膜炎？

牛创伤性网胃腹膜炎又称铁器病，因牛吞食混入饲料中的铁丝、铁钉等金属异物，造成网胃穿孔后，刺伤腹膜、心包、肝、脾和胃肠所引起的慢性炎症。本病主要发生于舍饲的牛。

（1）症状：主要症状因损伤部位、深度、波及的内脏器官等不同而变化，病初前胃弛缓、间歇性瘤胃鼓胀外展、弓背站立，并呈现特异性的前腹疼痛症状，表现为采取前高后低站立姿势，起卧异常，忌上下坡、跨沟或急转弯。

（2）诊断：可采用敏感性检查诊断，即双手将耆甲部皮肤捏住向上提，则病牛不安，并引起背部下凹现象；用拳触压或用木棍在剑状软骨区的腹底部猛然上抬，病牛敏感疼痛；用副交感神经兴奋剂如硝酸毛果芸香碱皮下注射，促进前胃蠕动，则病情随之加剧，疼痛不安。血常规检查，白细胞总数增多，可达11000～16000 个/毫升，嗜中性粒细胞增加。

（3）治疗：保守疗法，可将病牛立于斜坡上，保持前高后低姿势，同时应用抗生素或磺胺类药物治疗，连续用药 7 天。也可用手术疗法，切开瘤胃，从网胃壁上摘除异物，手术后再加强护理，如无并发症，治愈率在 90％以上。对已经形成腹腔脏器粘连和脓肿的病例，治愈的希望不大，确诊后应当予以淘汰。

（4）预防：加强饲养管理工作，防止饲料中混杂金属异物；不要在放牧场或牛舍周围随地放置铁丝铁钉等金属异物，尤其是在改建牛舍和运动场时更需注意。

26. 如何防治牛瓣胃阻塞？

牛瓣胃阻塞俗称百叶干，是由于前胃弛缓，瓣胃收缩能力减弱，瓣胃内容物滞留，水分被吸收而干涸，致使瓣胃秘结、扩张、疼痛的一种疾病。本病多发生于黄牛、奶牛，以体格强壮的成年牛及冬季肉用牛为常见。

（1）症状：具有前胃弛缓的症状，鼻镜干燥甚至龟裂，粪便干、量少呈算盘珠样，外附黏液后期排粪停止或排出炭样粪便。体温、呼吸心率均正常，但后期可能升高。触诊瓣胃区，病牛感觉疼痛。内容物坚硬，瓣胃穿刺时进针阻力大。听诊瓣胃音减弱或消失。

（2）治疗：原则是促进瓣胃内容物排出，增强前胃运动机能。可采取以下治疗措施：

①排除瓣胃内容物。用硫酸镁或硫酸钠 500 克，水 8000～10000 毫升，或液体石蜡 1000～2000 毫升，或植物油 500～1000 毫升，一次性内服。

②瓣胃注射。用 10% 硫酸钠溶液 2000～3000 毫升，液体石蜡 300～500 毫升，普鲁卡因 2 克，盐酸土霉素 2～4 克，配合一次瓣胃内注入。临床实践证明，经瓣胃穿刺针注入 10% 氯化钠注射液 1500～2000 毫升，治疗本病有良好效果。

③静脉注射。全身状况衰竭的，补液强心、消炎、防止酸中毒，可大剂量静脉注射葡萄糖生理盐水，同时用维生素 C 及强心药物等。

瓣胃注射

瓣胃阻塞

（3）预防：不能长期饲喂单一、质量不好、太坚硬难以消化的草料；不能长期大量饲喂精料和糟粕类饲料，且不能过细、过硬；不能饲喂含泥沙的草料。

27. 如何治疗皱胃阻塞？

皱胃阻塞也叫皱胃积食，是由于迷走神经机能紊乱，导致皱胃内容物积滞、胃壁扩张、消化机能障碍的一种疾病，常继发瓣胃阻塞、瘤胃积液、自体中毒和脱水，常导致死亡。本病多发生于黄牛、水牛和乳牛，以体格强壮的成年牛及冬季肉用牛为常见。

（1）症状：初期呈前胃弛缓的症状，中后期病例食欲废绝，反刍与嗳气停止，饮水增加，呈现脱水症状和中毒症状。瘤胃大量积液，中击式触诊呈拍水音，有波动感，瘤胃蠕动音减弱或消失。

（2）诊断：听诊器放置在右侧胺窝听诊，右侧为倒数第1、2肋骨弓听到类似叩击钢管的清朗铿锵音。瘤胃液 pH 值多数为7~9。视诊右下腹部呈局限性膨大，皱胃区触诊坚硬，病牛表现出敏感、疼痛；从右腹底部充实部位进行穿刺，测定其内容物pH 值为1~4。粪便稀少，呈煤焦油状，有的为黑色干块；直肠检查，直肠空虚，或只有少量煤焦油状内容物，或积有少量干粪。

（3）治疗

①消积化滞及防腐止酵。初期可投服盐类及油类泻剂，并配合鱼石脂等止酵剂。

②手术治疗。中后期或重症病牛宜行皱胃切开术，用胃管对皱胃反复冲洗；对塑料等异物阻塞的，应将其取出。该法效果较差，且并发症较多。

③纠正脱水和缓解自体中毒。常用 5％葡萄糖生理盐水 2000～4000 毫升，10％氯化钠溶液 300～500 毫升，20％樟脑磺酸钠溶液 20～40 毫升，一次静脉注射，有兴奋胃肠蠕动的作用。在任何情况下，皱胃阻塞的病牛都不得内服或注射碳酸氢钠，否则会加剧碱中毒。

28. 牛感冒是如何发生的？有何临床表现？怎么防治？

感冒是以上呼吸道黏膜炎症为主要表现的全身性疾病。早春晚秋气候多变时易发，多因受寒而引起，如寒夜露宿、久卧凉地、贼风侵袭、冷雨浇淋、风雪袭击等。

（1）症状：发病突然，精神沉郁，食欲减退或废绝，反刍减少或停止，鼻镜干燥，时常磨牙；体温升高，脉搏增数，呼吸加快；结膜潮红，羞明流泪；咳嗽，流水样鼻液；口色青白，舌质微红，舌苔薄；瘤胃蠕动音弱，粪便干燥；肺泡呼吸音增强，有时可听到湿啰音。

（2）治疗：肌内注射氨基比林，或安痛定注射液 20～40 毫升，青霉素或头孢类药物进行治疗。排粪迟滞者，可灌服反刍消胀灵 500 毫升，恢复胃肠机能。

（3）预防：主要是加强牛的耐寒锻炼，增强机体抵抗力，注意气候变化，冬季做好御寒保温，防止淋雨受凉。

29. 怎样治疗牛子宫内膜炎？

牛子宫内膜炎是微生物感染子宫所引起的炎症，有急性和慢性两种，多见于产道损伤、难产、流产、子宫脱出、阴道脱出、阴道炎、子宫颈炎、恶露停滞、胎衣不下以及人工授精或阴道检查时消毒不严，致微生物侵入子宫而引起。

（1）急性子宫内膜炎治疗措施。主要措施是抗菌消炎，可直接向子宫内注入抗菌素，常用土霉素 1～3 克或青霉素 100～500 万单位溶于 150～500 毫升生理盐水中，用子宫灌注器或输精套注入子宫腔，每 2 天 1 次，直到子宫内排出的液体变透明为止。如果患畜有发热现象，继发败血症或脓毒血症，应立即全身大剂量应用抗生素及磺胺类药物，可选用头孢噻呋钠、青霉素、链霉素等，也可用磺胺嘧啶钠注射液，直到体温恢复正常 2～3 天后为止。促进子宫内液体排出，可用催产素或前列腺素。

（2）慢性子宫内膜炎治疗措施。主要措施是冲洗消毒，可用温的 0.1％高锰酸钾溶液 250～300 毫升冲洗子宫，直到排出的液体呈透明时为止。可使用麦角新碱或催产素等子宫收缩药促进子宫收缩和子宫内液体排出，恢复性周期。

30. 如何防治牛胎衣不下？

（1）主要采取如下治疗方法

①剥离胎衣：对胎衣容易剥离的牛，可进行胎衣剥离；反之则不宜硬剥。因剥离胎衣对子宫体损伤较大，加上操作容易把细菌带入子宫内引起新的感染，此方法不推荐使用。

②抗生素疗法：即应用广谱抗生素（土霉素 1～3 克或金霉素等）装于胶囊，以无菌操作送入子宫，隔日 1 次，共用 2～3 次，以防止胎衣腐败和子宫感染，等待胎盘分离后自行排出。

③激素疗法：可应用促使子宫颈口开张和子宫收缩的激素，如每日注射雌激素 1 次，连用 2～3 天，并间隔 2～4 小时注射催产素 30～50 单位，直至胎衣排出。

④钙疗法：钙剂可增强子宫收缩，促进胎衣排出，用 10％

葡萄糖酸钙注射液、25%葡萄糖注射液各500毫升，一次静脉注射，每天2次，连用2天。当胎衣剥离后，仍应隔日灌注抗生素，以加速子宫净化过程。

（2）预防：加强饲养管理，注意精粗饲料喂量和比例，保证矿物质和维生素供给，及加强对老龄牛临产前的护理。

31. 如何治疗犊牛脐带炎？

脐带炎是犊牛出生后，由于脐带断端遭受到细菌感染而引起的一种化脓性坏疽性炎症，生产上时有发生。

（1）治疗：先去掉脐带残段，脐孔内及其周围涂布碘酊，并做普鲁卡因封闭。已经化脓、坏死的，先用3%双氧水清理和冲洗，再用0.2%～0.5%雷佛奴尔液反复冲洗，然后涂抗菌药等。出现全身症状的，应用抗生素进行治疗。

脐带消毒

收缩好的脐带

脐带化脓

（2）预防：断脐要在脐带脉搏管停止搏动后进行，并严格消毒。结扎剪断的，结扎一定要确实。出生时脐带已经断离的，要详细检查脉管和脐尿管断端是否封闭，并用5％碘酊浸泡消毒。每天检查2次脐带残段和脐部，并用碘酊消毒，发现异常及时处理，直到脐带残段干枯脱落。犊牛舍不能太拥挤，对有脐带残段吸吮癖的犊牛要单独喂养和拴养。

32. 如何治疗牛乳房炎？

根据有无临床症状可将其分为临床乳房炎和隐性乳房炎两种。具体可采如下治疗措施：

（1）封闭疗法：采用乳房神经封闭，部位是乳房基部注射药物进行封闭治疗。

（2）乳房内灌注治疗：用通乳针连接注射针筒，经乳头管注药，直接把药物注入乳腺内。常用的药物有3％硼酸液，0.1％～0.2％过氧化氢钠液，青霉素、链霉素、庆大霉素等抗生素，最好进行药敏试验。

（3）物理疗法：如乳房按摩，温热疗法，增加挤奶次数等。

（4）全身治疗：对急性乳房炎伴有发热等全身症状应立即抗菌消炎退热，如肌内注射镇疼退热药氟尼辛葡甲胺、安乃近等，消炎药青霉素、庆大霉素、头孢噻呋钠、恩诺沙星、磺胺二甲嘧啶等。

（5）加强预防：消除原因与诱因，首先是改善牛的舒适度，及时清除牛舍内外粪便及其他污物，保持地面干燥，卧床垫料及时清理更换，保持母牛身上的清洁，加强日常消毒；其次改善饲养和卫生条件等。

33. 母牛卧地不起综合征是如何发生的？有何临床表现？如何治疗？

母牛卧地不起综合征是指母牛分娩前后，不明原因，突发起立困难或站不起来的一种综合征，高产奶牛、产双犊母牛和肥胖母牛易发。

（1）发病原因：舍饲的分娩母牛，以及对蛋白需求量大的妊娠母牛，在分娩前补饲不足，导致潜在的肌肉损伤，一旦遭受某种外力作用，易诱发某些肌群断裂；饲喂高蛋白、低能量饲料的牛，瘤胃内异常发酵产生有毒物质，以分娩为诱因，发生自体中毒，导致起立困难或站不起来。

（2）主要表现：病初病牛企图站立，但后肢、后躯肌肉麻痹无力，被迫卧地。体温、精神、食欲多正常，耳根、角根冷凉，皮温不整。瘤胃蠕动正常或减弱，粪便正常或稀软。呼吸正常，心跳次数增多。可视黏膜潮红或发绀。随着病程进展，人为帮助其站立也站不起来，即使勉强站立，也无力负重，卧地后四肢抽搐，头向后仰。爬卧较久的患牛，大多数伴发低磷、低钙、低镁等，发生心肌炎，在2～3天内死亡。

（3）治疗方法：用25%葡萄糖钙注射液500毫升，缓慢静脉注射。若病牛症状无明显改善时，可隔8～12小时，再用药1次。同时给予维生素B_1和维生素C适量，必要时结合乳房送风疗法。如果治疗无效，可用15%磷酸二氢钠注射液200～300毫升，加复方氯化钠溶液1000毫升，缓慢静脉注射；或用5%氯化钾注射液，按每千克体重10～20毫克，加在5%葡萄糖注射液2000毫升内，缓慢静脉注射；还可用20%～50%硫酸镁注射液100～200毫升，静脉注射。

34. 为什么要给牛定期驱虫？如何驱虫？

驱虫不仅对于牛只的健康生长、增强牛群体质、预防和减少寄生虫病及传染病的发生十分重要，也是提高饲喂回报率，增加养殖效益重要环节。每年春秋两季各进行 1 次全牛群的驱虫，犊牛一般在 6 月龄时首次驱虫。驱虫前应做粪便的虫卵检查或根据当地寄生虫发生的情况，有的放矢地选择驱虫药。目前使用较多是伊维菌素或阿维菌素，对体内线虫和体表螨虫都有很好的效果；如患有焦虫用血虫净（贝尼尔、三氮脒）效果好，患有血吸虫用吡喹酮驱虫，患有绦虫用氯硝柳胺或丙硫咪唑效果好。驱虫时要和狗一起驱虫，15～30 天后再驱虫 1 次。

35. 牛场消毒包括哪些内容？

严格的消毒制度是及时切断传染源、有效控制疫病的发生和传播的主要措施。消毒制度应该包括：

（1）进场前消毒：要对整个牛舍和用具进行一次全面彻底的消毒，方可进牛。场门、生产区入口处设消毒池、消毒通道，消毒池内的药液要经常更换（可用 2% 的氢氧化钠溶液），保持有效浓度，车辆、人员都要从消毒池经过。严格隔离饲养，杜绝带病源的人员和被污染的饲料、车辆等进入生产区。从外面进入牛场内的人员需经紫外线和消毒通道消毒才能进入牛场。

（2）牛舍日常消毒：牛舍内要经常保持卫生整洁、通风良好，每天都要打扫干净。牛舍每月消毒 1 次，夏季最好每周消毒 1～2 次，同时加强灭蚊，每年春、秋两季各进行一次大的消毒。常用消毒药物有：全场撒用生石灰、烧碱溶液、过氧乙酸溶液、二氯尿酸钠、戊二醛溶液等进行消毒，使用方法按说明使用。

人员消毒通道

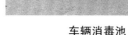

车辆消毒池

石灰消毒

带牛消毒

36. 为什么每年要给牛打疫苗？牛疫苗免疫接种的程序有哪些？

给牛打疫苗是预防牛传染性疾病的主要手段，是养牛防疫的重要方面。养牛过程中必须打疫苗，这样能有效地预防传染性疾病发生，避免造成大的损失。每个养殖户都要有防疫意识，"收多收少在于养，有没有收在于防"，防疫是养殖业的生命线，千万不要存在侥幸心理。

（1）免疫接种要求。牛免疫接种技术是养殖户需要掌握的实用技术之一。牛的免疫程序不能一个模式、一成不变，要因地制宜，根据区域传染病的流行情况科学合理的制订。疫苗接种要建立接种档案，详细记录每头牛的接种时间、疫苗种类、疫苗生产厂家，以便更好地按接种程序进行免疫接种。

（2）免疫接种程序。目前我省养牛主要需要对口蹄疫、牛巴氏杆菌、牛结节病、牛流行热进行接种免疫。各地应根据当地流行疫病进行针对性免疫。

①口蹄疫接种。每年春、秋两季各用同型的口蹄疫弱毒疫苗接种 1 次，肌肉或皮下注射，1~2 岁牛 1 毫升，2 岁以上牛 2 毫升。注射后，14 天产生免疫力，免疫期 4~6 个月。

②巴氏杆菌病接种。每年对牛接种 1 次牛巴氏杆菌病灭活菌苗，主要用于预防牛出血性败血症（牛巴氏杆菌病），注射后 20 日产生可靠的免疫力，免疫保护期 9 个月。肌内注射，体重 100 千克以下的牛，注射 4 毫升，100 千克以上的牛，注射 6 毫升。病弱牛、食欲或体温不正常的牛、怀孕后期的牛，均不宜使用。

③牛结节病接种。每年春季采用国家批准的山羊痘疫苗（按山羊 5 倍剂量）进行免疫接种，预防牛结节病。

④牛流行热接种。牛流行热疫苗为灭活苗，采用皮下注射。每年上半年 5 月份前后免疫接种，第一次接种后间隔 21 天需要再接种 1 次，免疫后 20 天产生抗体具有免疫力，保护期 6 个月。

37. 如何治疗牛蜱虫病？

山区放养牛、羊最易被蜱侵袭，主要附着在牛的颈、腋窝、腿内侧和腹股沟等部位，发现牛体表和圈舍蜱较多时，可用手摘掉和用化学药品消灭牛体表上的蜱虫。

（1）手摘掉法灭蜱：用手捉去牛身上的蜱虫。这种方法只能用于少量硬蜱寄生时。捉蜱时手应与动物的皮肤成垂直的方向，将硬蜱往上拨出，这样才能使虫体完整地脱离畜体，不然硬蜱的

口器很容易拔断而留在畜体皮
下，引起局部炎症。摘除掉的蜱
虫要集中烧死。

（2）药物灭蜱：可用双甲脒
溶液、敌百虫、倍硫磷、毒死
蜱、氯氰菊酯等药品进行祛除。
稀释比例严格按药品说明要求进
行稀释使用，防止药物中毒。配
好杀剂喷洒牛体表和牛舍地面、
墙脚、墙面，门窗、柱子等处，
可有效祛除蜱虫。

（3）牛个体用药驱蜱虫：可

牛颈部的牛蜱虫（朱立军摄）

用伊维菌素注射液，剂量为 0.02 毫升/千克体重，一次性皮下
注射。

大腿内侧的牛蜱虫（朱立军摄）　　双甲脒驱杀蜱虫（朱立军摄）

38. 如何治疗牛泰勒虫病（焦虫病）?

本病有明显的季节性，发病季节与蜱的活动季节有密切关系，一般在 6 月下旬到 8 月中旬，7 月份为发病高峰期，1～3 岁的牛发病为多。

治疗：必须早期确诊、早治疗，除用特效驱虫药治疗外，还应对症治疗，如健胃、强心、补液等。常用如下几种药物：

（1）用维生素 B_{12}，大牛一次 80～120 毫克，对改善牛贫血有良好作用。

（2）贝尼尔（血虫净、三氮脒），剂量为黄牛每千克体重 3～7 毫克，水牛每千克体重 7 毫克，一次肌内注射，每次间隔 24 小时，不得超过 3 次。

（3）消灭牛舍的幼蜱，在 10—11 月份，使用敌百虫或双甲脒等水溶液洒牛舍的墙壁等处，以消灭越冬的幼蜱。

39. 如何防治牛疥螨病和痒螨病?

牛疥螨病和痒螨病是疥螨和痒螨寄生在动物体表而导致的一种慢性寄生性皮肤病，本病主要发生于秋末、冬季和初春，因为在这些季节，牛舍阴暗潮湿、日照不足，牛毛较长，皮肤湿度较高，最适合疥螨发育繁殖。牛疥螨病，开始于牛的头部、颈部、尾等被毛较短的部位，严重时可波及全身。可用下列药物治疗：

（1）注射或灌服药物方法。可选用伊维菌素或阿维菌素，用伊维菌素时，剂量按每千克体重 100 微克～200 微克。

（2）涂药疗法。涂擦药物时应剪除患部周围被毛，彻底清洗并除去痂皮及污物，常用药物有以下几种：

①敌百虫，配制 0.5%～1% 溶液，喷洒或擦洗牛体，1 周后

再治疗1次。

②双甲脒，12.5%双甲脒乳油1升，加水500～700升，喷雾或涂擦患病的部位，1周后再治疗1次。

③蝇毒灵乳剂，配成0.05%水溶液，喷雾或涂擦患病的部位1周后再治疗1次。

预防：流行地区每年定期用药，可取得预防与治疗的双重效果；加强检疫工作，对新购入的家畜应隔离检查后再混群；经常保持圈舍卫生、干燥和通风良好，定期对圈舍和用具清扫和消毒；对患畜应及时治疗；可疑患畜应隔离饲养；治疗期间，应注意对饲管人员、圈舍、用具同时进行消毒，以免不断出现重复感染；发现病牛及时隔离治疗，病牛舍及用具用1%敌百虫溶液消毒。

牛颈部疥螨病　　　　　　　　　牛全身疥螨病

40. 母牛怀孕期能否驱虫？

若母牛怀孕后患寄生虫，则要避开怀孕前45天和临产前30

天驱虫，因为这两个时间内胎儿对驱虫药物较为敏感，怀孕前期容易影响胎牛的发育或造成流产，临产前容易使母牛出现早产、致畸形或产弱犊。

一定要严格按照说明用量或执业兽医师指导用量进行，实际使用量不可超过说明用量的 1.2 倍，如超量使用极容易使怀孕母牛出现中毒，影响母牛及胎牛的健康。使用时还需坚持先小群试验再大群用药的原则，试验牛没有问题的情况下再全群用药，避免药物原因或剂量原因使牛群全部出现问题。

41. 如何做好牛结节病防控工作？

牛结节疹又称疙瘩皮肤病、牛疙瘩皮肤病，是由痘病毒科山羊痘病毒属牛结节性皮肤病病毒引起的牛全身性感染疫病，临床以皮肤出现结节为特征，本病不传染人、不是人畜共患病。世界动物卫生组织（OIE）将其列为法定报告的动物疫病，农业农村部暂时将其作为二类动物疫病管理，发现要进行无害化处理。

（1）流行病学：传染源是感染牛结节性皮肤病病毒的牛，感染和发病牛的皮肤结节、唾液、精液等含有病毒。主要通过吸血昆虫（蚊、蝇、蠓、虻、蜱等）叮咬传播。可通过相互舔舐传播，摄入被污染的饲料和饮水也会感染该病，共用污染的针头也会导致在群内传播。感染公牛的精液中带有病毒，可通过自然交配或人工授精传播。能感染所有牛，黄牛、奶牛、水牛等易感，无年龄差异。潜伏期为 28 天，发病率 2%～45%，死亡率低于 10%。该病主要发生于吸血虫媒活跃季节。

（2）临床症状：临床表现差异很大，跟动物的健康状况和感染的病毒量有关。体温升高，可达 41℃，可持续 1 周。浅表淋巴结肿大，特别是肩前淋巴结肿大。奶牛产奶量下降。精神消沉，不愿活动。眼结膜炎，流鼻涕，流涎。发热后 48 小时皮肤上会出现直径 10～50 毫米的结节,以头、颈、肩部、乳房、外阴、阴囊等部位居多。结节可能破溃,吸引蝇蛆,反复结痂,迁延数月不愈。口腔黏膜出现水泡,继而溃破和糜烂。牛的四肢及腹部、会阴等部位水肿,导致牛不愿活动。公牛可能暂时或永久性不育。怀孕母牛流产,发情延迟可达数月。

(3)病理变化:消化道和呼吸道内表面有结节病变。淋巴结肿大,出血。心脏肿大、心肌外表充血、出血,呈现斑块状密血。肺脏肿大,有少量出血点。肾脏表面有出血点。气管黏膜充血,气管内有大量黏液。肝脏肿大,边缘钝圆。胆囊肿大,为正常 2～3 倍,外壁有出血斑。脾脏肿大,质地变硬,有出血状况。小肠弥漫性出血。

(4)预防方案:无特效药物治疗,主要通过免疫接种预防,发病时采用对症治疗。

①采用 5 倍剂量的羊痘疫苗免疫;在疫苗免疫时,应考虑到处于潜伏期或是亚临床症状的牛,免疫后可能会激发临床症状,因此应注意观察。

头肿大、鼻脓包破溃

全身结节

②氟尼辛甲胺注射液、氨苄西林、头孢类抗生素按说明使用，每天 1 次，连用 3～5 天。

③双黄连或板蓝根注射液按说明使用，每天 1 次。

④加强牛场消毒，同时隔离病牛，驱蚊子、苍蝇、蜱虫等吸血昆虫，防止病原的传播。

42. 有机磷农药中毒怎么办？

有机磷农药是含磷元素的有机化合物农药，多为油状液体，有大蒜味，挥发性强，微溶于水，用于防治植物病、虫、草害。其在农业生产中的广泛使用，导致农作物中发生不同程度的残留，牛有机磷中毒多发生于大剂量或反复接触之后。中毒后牛呼吸急促甚至呼吸困难，体温升高而后又下降，可视黏膜先潮红而后发绀，皮温降低，出冷汗，大量流涎，呕吐，腹痛，腹泻，流鼻液，全身肌肉颤抖，站立不稳，行走摇摆，排尿失禁；随着病情加重，瞳孔缩小、眼球震颤，四肢末梢厥冷，终因心力衰竭、呼吸麻痹、窒息而死亡。

（1）中毒原因

①采食喷洒有机磷的农药作物、牧草或多汁饲料，以及青菜类等，有时还可误食拌浸过有机磷剂的种子等。

②应用有机磷剂来防治牛体外吸血昆虫的侵袭和驱除体内多种寄生虫时，由于所用剂量过大或使用方法不当等，导致有机磷剂中毒，见于敌百虫和乐果等中毒。

（2）治疗方法

①特效药解毒：按每千克体重 30 毫克使用解磷定，用生理盐水或 5% 葡萄糖溶液溶解后，1 次静脉注射（也可皮下或腹腔注射），以后每隔 2 小时左右注射 1 次，直至症状缓解；同时，配合使用硫酸阿托品，缓解症状，用量每千克体重 0.025 毫克，

皮下注射,每隔 20 分钟给药 1 次,直到发现瞳孔放大、流涎等症状停止;6 小时无反复便停药观察。

②补液利尿:用 5％葡萄糖 2000～5000 毫升,樟脑注射液 30 毫升,维生素 C 液 50 毫升一次静脉注射以加速血液循环,促进毒物排出。

③洗胃去毒:用 1％肥皂水或 4％碳酸氢钠溶液(敌百虫中毒除外)进行急救洗胃,灌服活性炭。

④对症治疗:根据牛中毒的不同临床表现,可分别进行镇痛,缓解呼吸困难,解除肌肉痉挛等。

43. 喂霉变饲料饲草有什么害处?

(1)降低营养价值。饲料饲草霉变在南方潮湿的环境中是普遍存在的问题,饲料厂、养殖专业户都会遇到。霉变的饲料饲草其含有的各种营养物质遭到破坏,使饲料饲草的营养质量下降,降低饲料饲草的利用性,甚至完全失去其利用价值。

(2)降低采食量。霉变的饲料饲草,还会散发出一种特殊的霉臭味,使饲料饲草的适口性降低,导致牛的采食量下降,甚至拒食。

(3)诱导牛发病。牛采食了霉烂变质的饲料饲草后,其中的毒素会在动物体内蓄积,造成拉稀、中毒甚至死亡,给生产、经营饲料饲草的企业及养殖业造成巨大的经济损失,严重影响饲料饲草工业和畜牧业生产的发展。

(4)危害人类健康。同时霉菌毒素及其代谢产物在畜产品中的残留,可通过食物链对人类健康产生严重危害。

可见饲料饲草霉变的危害性较大,是饲料饲草生产商和养殖户生产中不可忽视的问题。

44. 如何防治犊牛腹泻？

犊牛腹泻一年四季均可发生，是犊牛常发的一种胃肠疾病，约占到犊牛所发疾病的80%。犊牛常在出生后2～3天开始发病，典型症状就是拉稀腹泻，水样腹泻，消瘦，对犊牛的生长、发育、成活等有很大影响。在大群饲养时，如饲养管理不好，环境差，犊牛腹泻发生率常达80%～100%，死亡率最高可达50%以上，所以出现这种情况要及时控制，以免造成重大损失。

通常引起拉稀腹泻的原因主要有以下几种：

（1）饲养管理不当：牛舍过于潮湿或阴寒，卫生条件不良，哺乳期犊牛补料不当等。

（2）应激反应：由于新生犊牛消化器官的结构和功能发育不够完善，对外界环境的适应性差，所以在一些不良因素，如冷、热、噪音等的作用下常导致犊牛消化系统紊乱，发生营养障碍也会出现应激性腹泻。

（3）病原微生物感染：细菌性腹泻主要有大肠杆菌、沙门氏菌、巴氏杆菌、魏氏梭菌、弯曲杆菌、产气荚膜梭状芽孢杆菌等病原；病毒性主要有轮状病毒、冠状病毒等病原；寄生虫：如球虫、隐孢子虫、牛囊尾蚴等。

（4）出生犊牛免疫力低下：初乳饲喂时间过晚，喂量过少或根本不喂，致使犊牛不能获得母源抗体而使免疫力降低，易导致腹泻的发生。

治疗：犊牛腹泻的原因复杂，但无论腹泻是由何种原因引起的，其临床表现大体一致，即大量排出稀粪、酸中毒和脱水是犊牛腹泻基本特征，治疗的基本原则是抑菌消炎、补充血容量、维护心脏机能、缓解酸中毒、恢复消化功能。

（1）牛奶饲喂不当引起消化不良的腹泻，以支持疗法为主，主要是恢复消化功能，防止脱水，此时无发热症状的犊牛应少用抗生素。犊牛停喂或减少奶的喂量，喂口服补液盐（氯化钠3.5克，氯化钾1.5克，碳酸氢钠2.5克，葡萄糖20克，常温水1000毫升，混合溶解）和益生菌；5%葡萄糖生理盐水500～1000毫升，5%碳酸氢钠100～150毫升，10%维生素C 10～20毫升，1次静注，每天1至2次，连用2～3天。

（2）对于病原微生物引起的腹泻，要抑菌消炎，补充血容量，缓解酸中毒，维护心脏机能。消炎可用环丙沙星、痢菌净、庆大霉素、青霉素、链霉素等，静脉或肌肉给药；补液一般用5%葡萄糖生理盐水500～1000毫升，复方氯化钠注射液200～500毫升，5%碳酸氢钠100～150毫升，10%维生素C 10～20毫升，地塞米松20毫克，1次静注，每天1至2次，连用2～3天。

预防：良好的饲养管理是消除致病因素防止腹泻的最好办法，能有效地降低犊牛腹泻发生，减少犊牛的死亡。在生产实践中注意以下因素：保证妊娠母牛得到充足的全价日粮，特别是妊娠后期，应增喂富含蛋白、脂肪、矿物质及维生素的优质饲料；犊牛出生后尽快喂适量的高质初乳，增强犊牛先天免疫力；犊牛舍应干净、温暖、通风、向阳并定期消毒；应将腹泻小牛与健康犊牛完全隔离，并加强护理；给犊牛饲喂代乳粉时不应过早，并逐渐过渡。

45. 母牛流产后有哪些护理方法？

母牛流产问题对养殖来说会造成经济损失，所以要对孕期的母牛多加防护，以免出现流产现象。若不慎造成流产，要对流产后的母牛加倍护理，以免引发其他疾病，造成更大的经济损失。

（1）母牛产后因失水较多，应喂给足量温热的麸皮、盐、碳酸钙熬成的稀粥（麸皮 1 千克～2 千克、食盐 100 克～150 克、碳酸钙 50 克）补充能量有益于胎衣的排出。但要留意食盐喂量不宜过多，不然会导致乳房浮肿，同时喂给母牛优质、软嫩的干草 1 千克～2 千克。

（2）母牛流产后要尽早让母牛站起，以减少出血，同时也有益于子宫复位，为了预防子宫脱出，可牵引母牛缓行 15 分钟左右。

（3）母牛流产后 12 小时内，胎衣正常可自行脱落，若超越 24 小时仍不脱落，应及时处理，肌注前列腺素。

（4）对产后乳房水肿严重的母牛，每次挤奶后应充分按摩乳房，并热敷乳房 5 分钟～10 分钟，以促进乳房水肿的早日消退。

46. 如何治疗子宫脱出？

子宫脱出是牛产科病中易发生的一种疾病，子宫角或全部子宫套叠而脱出于阴门之外，形成一个状如篮球大的椭圆形球体，子宫脱出如不及时治疗，轻则引起子宫破裂，造成出血，重则造成血液循环不畅，子宫肌肉坏死，从而危及生命。多因母牛产后过于努责、子宫收缩无力、胎儿过大、难产、助产时产道干燥用力拉胎儿等；中医认为是中气不足所致。治疗方法如下：

（1）保定与麻醉：首先将牛站立保定在前低后高的位置，并能控制后驱不来回晃动为好。为了减少病牛手术过程中的疼痛和努责，顺利地将子宫送回骨盆腔，可用 2％普鲁卡因在百会穴或第 1 与 2 尾椎之间隙部位进行麻醉，剂量按母牛体重大小来确定，一般在 5～10 毫升为宜，剂量过大则影响手术时母牛的站立。

（2）清洗消毒：为了更好地将子宫送回腹腔，修复前手术者和助手都要将手指上的指甲剪短磨纯，消毒后并使用一次性手套（牛人工输精用手套），减少双手对子宫的刺激和损伤。清洗消毒子宫时先要掏出直肠内的缩粪，用 0.1% 新洁尔灭或 0.1% 高锰酸钾溶液 5000 毫升，温度控制在 38℃ 为好，清洗母牛后躯和外阴部，然后充分的清洗脱出的子宫，将子宫黏膜上或胎衣上黏附的草屑、细沙和粪污及坏死组织及子宫表面未脱落的子叶和胎黏膜，经过彻底清洗消毒后，再进行子叶和胎衣剥离手术。子叶剥离完成后，为使子宫舒张，促进复位完全，再用 2%～3% 明矾溶液，50% 的葡萄糖溶液或用 75% 的酒精浸泡 5 分钟，浸泡药液温度以 38℃ 左右较好。特别是在冬天气温低时，子宫脱出时间较久，易使外脱子宫温度下降，造成供血不足，通过浸泡能促进子宫收缩，能缩小体积，有利于子宫顺利被送回腹腔，能很快提高子宫温度，改善血液循环，减轻努责，促进复位完全，避免不良反应发生。

（3）胎衣剥离：先将靠近外阴部的胎衣逐个剥离，剥离时务必小心，切勿用力撕扯，以防子叶血管断裂。若发生子叶血管断裂，应以贯穿结扎方法止血，并皮下注射 0.1% 盐酸肾上腺素 5 毫升，防止病牛因失血发生休克（在回送子宫时，注意断裂部位，尽量避免断裂部位伸拉）。

（4）手术修复：胎衣剥离完全后，先由两助手用消毒好的面盘将脱出子宫放置在面盘内托起如阴门水平处，在送回腹腔之前要先检查子宫是否有扭转，如有矫正后再在子宫黏膜上涂抗生素粉，再用少量润滑剂（石蜡油或食用茶籽油、花生油均可）润滑子宫角、子宫基部和外阴部。修复时手术者先从靠近阴门处的子宫基部开始，一手托住中部，在助手协助下，将子宫由外阴周边沿阴门四周对称逐渐向阴门内推进。若遇牛努责时则应停止进行修复并要压住外阴口，以防止回送部分脱出。最后术者手握成拳头，顶住子宫角尖端的中央凹陷处，趁牛努责后回力时小心地用力向前推进，将一个子宫角推入阴门后，再用同样的方式推进另一个子宫角，在推动时两助手也用手在两侧加以助压阻挡已推入部分不要再脱出，直到将全部子宫送入骨盆腔内，然后术者将手臂伸入其中，缓慢地把全部子宫角推回骨盆腔，尽量将子宫复位，不能让送进骨盆腔内的子宫发生套折和扭转，等休息片刻后，术者的手再慢慢抽出，整复结束后，向复位后的子宫内投入青霉素 800 万单位、链霉素 200 万单位，或土霉素 3～5 克，用生理盐水进行稀释，用子宫冲洗导管注射到子宫内。最后再次用 0.1% 高锰酸钾溶液或新洁尔灭清洗、消毒后躯、外阴、尾根，然后再进行外阴缝合并加强护理。

（5）外阴缝合：为了促进外脱子宫尽快恢复，避免子宫再次脱出，应将外阴缝合，具体操作如下：首先用 75% 酒精 20 毫升，在水牛外阴两侧上下左右分四点注射，然后根据母牛外阴的大小剪取旧自行车的内胎 16 厘米，套折成 8 厘米（长度以水母牛外阴为准），手术缝合针 1 口，缝合线 100 厘米左右，止血钳子 2 把，纽扣 4 颗，然后再进行缝合，缝合时将缝合针从纽扣孔中穿过，先缝合水牛左侧外阴上，刺透外阴皮肤后，将缝合针穿

水牛子宫全脱出

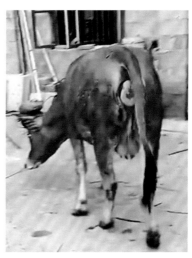

黄牛阴道脱出

过内胎的橡胶圈，在同侧外阴下侧与内胎同等长的位上，缝合针穿过外阴皮肤再穿过纽扣，缝合针再次穿过纽扣，缝合针再次穿过外阴，返回上面去，把纽扣进行垫付下线头，两个线头再进行打结。在右侧用同样的方法进行缝合。

（6）术后治疗与护理：手术完成后如果母牛还有较强努责，可在百会穴等加注 2％普鲁卡因 10 毫升或利多卡因 1～2 毫升，减轻努责强度能防止子宫再次脱胎出。同时抗菌消炎，防止败血症和子宫内膜炎的发生，可用 5％葡萄糖溶液 1000～2000 毫升、生理盐水 1000 毫升、2000 万单位青霉素、链霉素 500 万单位、维生素 C 5 克，一次性静脉注射（或用其他抗生素按说明使用），每天 1 次，连续 3～5 天（根据牛治疗恢复情况而定）。

47. 购牛时是否需要进行布氏杆菌病、结核病检疫工作？如何检疫？

布氏杆菌病和结核病为动物二类疫病，是人兽共患的传染病，牛感染布氏杆菌病和结核病后能直接或间接地传染人，因而严重威胁到人畜的生命安全，给养牛业造成巨大的经济损失。购牛时一定要进行布氏杆菌病、结核病检疫工作，防止把病原带入场里而引起不必要的损失。

结核病检疫采用牛提纯结核菌素在颈部皮内注射做变态反应试验（PPD 试验），不论牛只大小，每头牛注射 1 万国际单位（稀释后 0.1 毫升注射用水），注射前用游标卡尺测量注射部位皮厚并记录，隔 72 小时测试皮厚和观察结果，局部有明显的炎性反应或两次皮厚差大于 0.4 毫米的牛为阳性，皮厚差大于 0.2 毫米小于 0.4 毫米的为可疑，小于 0.2 毫米的为阴性。

虎红平板凝集实验灵敏度高，价格便宜，操作方便，检测快速，适宜牛羊布氏杆菌病的群体检测。对要检测牛只采血，分离

出血清，在洁净的玻璃板上，
用移液枪吸取虎红平板凝集抗
原0.03毫升，再吸取被检血清
0.03毫升，充分混合（血清和
虎红抗原等量充分混合是关
键），5分钟内观察结果，出现
肉眼可见凝集现象者判为阳性；
无凝集现象，呈均匀粉红色者
判为阴性。

结核病检测

皮内注射检测

布病检测采血

虎红试剂检测

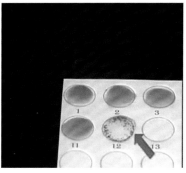

凝集成絮状物为阳性

48. 生产过程中牛布氏杆菌病怎么防控?

牛布氏杆菌病是由布鲁氏菌引起的一种人兽共患接触性传染病。传播途径主要有 2 种,一种是由病牛主要通过生殖道、皮肤或黏膜的直接接触而感染。另外一种是通过消化道传染,主要是摄取了被病原体污染的饲料、饲草与饮水而感染。潜伏期为 2 周至 6 个月,母牛最显著的症状是流产,流产可发生于妊娠的任何时期,但多发生于妊娠后 5~8 个月。流产母牛有生殖道发炎的症状,即阴道黏膜发生粟粒大的红色结节,由阴道流出灰白色或灰色黏性分泌液。流产后常继续排出污灰色或棕红色分泌液,有时恶臭,分泌物延迟到 1~2 周后消失。如流产牛胎衣不停滞,则病牛很快康复,又能受孕,但以后可能还流产。如果胎衣停滞,则可发生慢性子宫炎,引起长期不育。流产母牛在临床上常发生关节炎、滑液囊炎、腱鞘炎、淋巴结炎等。关节炎常见于膝关节、腕关节和髋关节,触诊疼痛,出现跛行。乳房皮温增高、疼痛、乳汁变质,呈絮状,严重时乳房坚硬,乳量减少甚至完全丧失泌乳能力。公牛感染本病后,出现睾丸炎和附睾炎。

目前对本病的治疗还没有特效药物,应当以"预防为主",每年要做好春秋两次布氏杆菌病的监测工作,定期检疫净化,对

布鲁氏菌引起的流产

布鲁氏菌引起的流产

结果阳性者，要严格按照国家有关规定处理，发现可疑或阳性牛只及时扑杀。外出引种从非疫区健康牛群中购牛，购牛时做好检疫，牛回来做好隔离复检。

49. 牛场发生传染病怎么办？

牛场在传染病的防治工作中，一定要遵守预防为主的原则，在日常工作中一定要加强对传染病的防控。制订科学的免疫计划，严格细致地做好日常清洁消毒，尤其是进出场的工作人员的消毒等。如若牛场发生了疑似传染病的疫病时应：

（1）在牛场的兽医立即确定疾病类型，立刻隔离病畜、封锁病畜，指定专人专责护理。

（2）应以最快的速度向县（市）级动物防疫机构报告。

（3）封锁疫区，封锁区的范围由县（市）级动物防疫机构划定。

（4）封锁疫区的出入口必须设置检查站，专人值班。在封锁期内，严格控制人员、畜禽、车辆出入封锁区。

（5）对健康的牛进行紧急免疫接种并隔离病牛。染病牛的处理，有治疗价值、能治疗的进行治疗；不能治疗的则要无害化处理。

（6）封锁疫区的出入口必须设置消毒设施，必须出入的人员都要严格消毒。

（7）封锁疫区的用具、围栏、场地必须严格消毒。

（8）牛粪、牛尿、垫草、确认已被污染的物品，必须在兽医人员的监督下进行无害化处理。

（9）染疫牛的扑杀：①已确认为染疫牛，要用专用车运至染疫牛扑杀点；②采用不流血的方法扑杀；③疫牛扑杀后进行无害化处理。

（10）解除封锁：①疫区内或疫点内最后一头病牛被扑杀或痊愈后，经过所发疾病一个潜伏期以上的监测观察，未再发现病牛；②封锁疫区经过清扫和严格消毒；③由县（市）级以上动物防疫机构检查合格后，报原来发布封锁令的政府；④由原来发布封锁令的政府发布解除疫区封锁令，并通报相邻地区和有关部门；⑤原来发布封锁令的政府写出总结报告报上一级政府备案。

50. 牛场苍蝇蚊子多怎么办?

夏秋季节蚊子的身影随处可见，尤其是养牛场，蚊蝇肆虐不仅骚扰牛的正常休息，也影响牛正常生长发育，蚊虫叮咬引发传染病，给养牛的朋友造成损失巨大，严重地挫伤了养殖积极性。为了避免苍蝇蚊子叮咬牛传播疾病，可以做以下灭蚊蝇措施：

（1）加强牛场卫生清扫：每天要清出牛粪，上、下午各1次，保持牛舍清洁、干燥、空气新鲜，不给蚊子繁殖的条件，就能有效地控制蚊子的繁殖速度。每天要清扫食槽，特别是夏天每次喂完后，清扫1次，防止草料残渣在槽内发酵或霉变。同时水槽要定期清洗，保持饮水清洁干净，每天坚持刷拭1～2次。要将污水沟清理干净后，再进行蚊子灭杀，这样可以有效控制牛场蚊子的数量。

（2）杀虫药灭杀法：利用杀虫药喷洒进行蚊蝇灭杀，这是很多牛场多年来一直使用的方法，简单实用，效果明显。在晴天，牛蝇、虻大量出现时，使用氯氰菊酯、双甲脒、敌百虫、1%残杀威粉剂等进行杀灭，稀释比例按说明使用。若使用不当将会对牛的健康造成影响，推荐方式是用农用背式喷雾器，将稀释好的药液喷洒在牛体表面、牛舍厩舍内、铁栏杆、地面上或直接喷在牛蝇、虻的身体上都具有较强杀伤性。

（3）蚊香驱蚊蝇：蚊香是最古老的天然药物驱蚊办法。早在南宋时期便出现过中药制成的驱蚊香棒。现代蚊香中含有效成分是除虫菊酯，它有驱杀蚊虫的作用。在通风良好的地方点燃蚊香，蚊香里的除虫菊酯随着烟雾挥发出来，播散于室内的空气中，使蚊蝇的神经麻痹，从而达到驱除蚊蝇的效果。但是选取蚊香的时候一定要注意质量，不然可能会对禽畜呼吸系统有影响。

（4）灭蚊灯驱蚊蝇：靠近山地河流的牛场，蚊子的数量也是非常多的，应该在养牛场外增设灭蚊灯进行驱蚊，灭蚊灯是不需要采用任何化学灭蚊物质的灭蚊设备，是吸收国外先进技术再进行多项技术改良的新一代高效环保捕杀蚊虫器械。

（5）烟熏法：利用熏香产生的气味驱赶蚊蝇，是一种非常简单有效的办法。通过烟熏能防止牛蝇、虻、蚊的叮咬。先将晒干的稻草或其他的干杂草适量放在底下，然后加秕壳适量，再加辣蓼草适量。注意在进行混合堆放时，要一层秕壳一层辣蓼草堆好，这样有利于辣蓼草和秕壳燃烧，燃烧时发出烟量较大、燃烧时间长，并且有一种强烈的刺激性，对牛没有影响，但是用于驱蚊蝇效果较好。

苍蝇叮咬牛前肢

喷雾驱杀苍蝇

51. 牛场废弃物怎么处理？

牛场的主要废弃物是牛粪、尿液污水、死亡牛只、牛胎衣及流产物等，应遵从资源化、减量化、无害化处理原则。

（1）牛粪处理：资源化再利用，牛粪可以堆肥发酵处理，做成肥料种果树、蔬菜等；可以用来养殖蚯蚓，养出来的蚯蚓可出售，可以把蚯蚓用来养家禽；也可制作成有机肥产品出售。

（2）尿液污水处理：首先排水系统应实行雨水和污水分离，做到减量化；尿液污水一般根据实际情况可采取两种处理方式，一是经过沼气处理或氧化塘处理后的肥水浇灌农田，二是采用污水深度处理技术，实现污水达标排放。

（3）无害化处理：养殖场应在下风口建有无害化处理池，牧场如有死亡牛只、母牛产后的胎衣、母牛流产物，都应及时清理放入处理池进行无害化处理。

52. 牛异食癖产生的原因？如何防治？

牛异食癖是一种比较复杂的多种疾病综合征，是在多种因素的影响下发生，主要有以下几方面原因：

（1）缺乏营养或者饲料比例不当：在养殖过程中，发生异食癖主要是营养方面的原因。当牛采食的饲料中含有较少的蛋白质和缺乏某些必需氨基酸时，容易出现异食现象。当牛摄取常量矿物质元素以及微量元素，特别是缺乏钠盐时，或者不同矿物元素之间的比例不合理时，往往会出现啃食金属以及舔食饲槽、墙壁、泥沙的现象。当肉牛摄取某些维生素不足，尤其是缺乏 B 族维生素时，或者瘤胃内微生物数量较少时，会引起体内代谢发生紊乱，易发异食现象。夏季气候炎热，如果肉牛长时间缺乏饮水，会出现异食现象；长时间饲喂大量酸性饲料或者过多精料而造成体内碱被大量消耗，导致钙、磷比例失调，也会表现异食。

（2）患有某些疾病：由于牛患有某些寄生虫病，或者母牛患有慢性酮病等，这些疾病自身无法导致该病发生，但会对机体造成一定的应激而间接诱发异食癖。

（3）饲喂不足：正常牛每天要采食 4～6 次，每次持续 1.5～2.0 小时，即每天 6～8 小时都用于采食。但现在大部分饲养场通常每天进行 3 次饲喂，使其空槽后无法继续采食饲料，从而随处啃咬，时间长就会发生异食癖。

（4）环境因素：运动场和牛舍面积较小，饲养密度过大，过度拥挤，且缺乏光照，通风较差等条件下，也会发生异食癖。

防治措施：

（1）隔离病牛：牛出现异食现象，立即进行隔离饲养，防止其他牛只模仿也发生异食癖，还能够避免寄生虫病传播；同时提高饲料营养水平，进行病因分析，及时采取对症治疗。

（2）及时驱虫：据当地气候情况，寄生虫病流行情况，对牛群进行定时驱虫，防止寄生虫病诱发的异食癖。有时要对有异食癖的牛进行重点观察，做到定时驱虫。

（3）适量供给维生素：病牛如果是由于纤维性骨营养缺乏而引起该病，主要是通过对日粮中维生素和钙、磷含量以及比例进行调整，抑制甲状旁腺激素（PTH）分泌。静脉注射 200～500 毫升 10% 葡萄糖酸钙注射液，每天 1 次，连续 1～2 星期；肌内注射维生素注射液；静脉注射 100 毫升 10% 氯化钙注射液和 100 毫升水杨酸钠注射液，连续 1～2 星期。

（4）配全价饲料：当肉牛发生异食癖时，先考虑可能是由于日粮中某种营养成分缺乏而引起。根据牛不同生长阶段适当调整营养需要，在配合饲料中添加 4%～5% 肉牛预混料补充微量元素和维生素，同时也可在牛舍内悬挂舔砖让牛自由采食。此外喂料要定时、定量、定饲养员，不喂冰冻和发霉变质的饲料。青草生长季要尽可能增加青草饲喂量，枯草季节要饲喂品质优良的青贮料或者青干草，补充含有丰富维生素的饲料。

53. 牛肩关节脱位怎样治疗？

牛的肩关节脱位，主要是由于滑跌或暴力撞击等作用下，臂骨头自肩胛骨的关节窝中脱出而发生的一种外科疾病，此病在耕牛中较为常见，但种公牛、母牛发情爬跨也时有发生。

（1）症状：病牛站立时身体的重心偏向正常的一侧，病肢不能落地负重，向前延伸，肩关节屈伸受到限制，疼痛与跛行程度较轻。行走时跛行严重，站立时蹄尖着地，完全不能负重，站立时整体姿势发生改变，病肢看上去有一点变短，出现内收，肩关节前下方出现异常的凸起肿胀，关节窝变大，在正常时应出现凸起的部位却形成凹陷，不该凸起的地方因关节骨端向外突出现异常的凸起肿胀，因关节骨端位置发生改变使关节失去原来的形状。在强迫驱赶病牛时病肢抬不高，迈不远，蹄尖点地有的还落地呈三脚跳。主要是因肩关节脱位，严重地损伤了周围的肌肉组织，出现很大的肿胀。

（2）治疗

①半脱位的治疗：首先在病肢的系部绑一根3米长的绳子，助手牵牛向前直走，主治者拉住绑在系部的绳子，当病肢提脚向前行走时，主治者用力往后拉绳子，当听到臂骨头滑入的声音表示已经复位（注意：用力在点上只需要病牛往前走5～10步就复位）。局部还有轻度的肿胀需要消炎止痛，用青霉素800万单位，链霉素300万单位，萘普生或安痛定30毫升，局部肌内注射，每天1次，连续3天。

②全脱位的治疗：首先用"二龙戏珠"倒牛法，将牛横卧放

倒保定在地（因牛力气较大，要 6～8 个劳动力，绳子最好是麻绳），把牛 3 条正常的脚捆绑在一起保定好，在病肢肩关节周围用松节油或 95 酒精反复进行涂擦按摩 5～10 分钟。在病肢的系部用一根 3 米长的绳子将病肢绑紧，病肢的系部要与肩关节保持在同一水平线上，要均匀用力拉直才能起到保定与牵引作用，再用一根长 12 米左右的绳子从中间做一双套活结套在系部，在绳的两端一前一后，由两人各持一端，绳子与地面要拉直成水平线，再用一根木杠（宽 15 厘米，长 2 米左右），木杠在病肢纵轴面上放平后，其一端绑在病肢的系部，助手用铁锤敲打木杠的另一端，先轻后重，由主治者来掌握敲打的次数，在敲打的同时主治者要用力压住肩胛骨上的木杠，如听到咔嗒一声，便可以断定臂骨头已进入肩关节窝内，这时病肢基本上能够着地负重。然后松掉系部保定做牵引的绳子和木杠，留下 6 米长的那根绳子，一前一后由两人各持一端，要相互配合用力拉动，前后拉动的幅度要逐渐加大，摆动次数越多越好。最后将两根绳子合拢，由主治者一手握住病肢系部，一手抓住屈曲的腕关节靠近胸部，这时要 3～4 人同时用力再向病肢远端延长方向拉动 10 次，主要是强迫病肢的运动，增加病肢的负重能力，治疗完成后还要人为牵走运动 500 米，牛体重有 600 千克以上，四肢负重较大。还需要休息 1 周后才能完全恢复正常。

54. 牛患有脓肿如何治疗？

脓肿是一种由局部外科感染而引发形成的疾病，是在任何组织（如肌肉、皮下等）和器官（如关节、鼻窦、乳房等）内经过化脓性外科感染面形成的外有脓肿膜包裹，内有脓汁蓄积的化脓腔洞。对于养牛户来说，牛的脓肿并不陌生，但有些养殖户却因为并不了解牛患脓肿的病理成因而未加以及时防护治疗，延误了治疗时机。

（1）致病原因

导致牛患脓肿的主要病原体是葡萄球菌、大肠杆菌及化脓性棒状杆菌等，漏于皮下的刺激性注射液（氯化钙、黄色素、水合氯醛等）也可引起脓肿。脓肿的形成有个过程，最初由急性炎症开始，以后炎症灶内白血球死亡，组织坏死，溶解液化，形成脓汁，脓汁周围由肉芽组织形成脓肿膜，它将脓汁与周围组织隔开，阻止脓汁向四周扩散。

（2）牛患脓肿的症状（包括急性脓肿和慢性脓肿）

①急性脓肿，其中又包括浅部脓肿和深部脓肿。浅部脓肿，病初呈急性炎症，即出现热、肿、痛症状，数天后，肿胀开始局限化，与正常健康组织界限逐渐明显。之后，肿胀的中间发软，触诊有波动。多数脓肿由于炎性渗出物不断通过脓肿膜上的新生毛细血管渗入脓腔内，脓腔内的压力逐渐升高，到一定的程度时，即破裂向外流脓，脓腔明显减少，一般没有全身症状。但当脓肿较大或排脓不畅，破口自行闭合，内部又形成脓肿或化脓性窦道时，出现全身症状，如体温升高、食欲不振、精神沉郁、瘤胃蠕动减弱等。深部脓肿，外观不表现异样，但一般有全身症状，而且在仔细检查时，发现皮下或皮下组织轻度肿胀。压诊时可发现脓肿上侧的肌肉强直、疼痛。如果局部炎症加重，脓肿延伸到表面时，出现和浅部脓肿相同的症状。

②慢性脓肿，多数由感染结核菌、化脓菌、真菌、霉菌等病原菌引起的，主要表现为脓肿的发展较缓慢，缺乏急性症状，脓肿腔内表面已有新生肉芽组织形成，但内腔有浓稠的稍黄白色的脓汁及细菌，有时可形成长期不能愈合的瘘管。

（3）脓肿的诊断

根据临床症状及触诊有波动感，皮下和皮下结缔组织有水肿等加以初步诊断，也可用穿刺排出脓汁而进行确诊。

（4）脓肿防治

患病初期，用冷敷，促进肿胀消退；如炎症无法控制时，可应用温热疗法及药物刺激（如鱼石脂软膏）促使其早日成熟。对于成熟后的牛脓肿，应切开排脓，切开后切记不宜粗暴挤压，以防误伤脓肿膜及脓肿壁。排脓后，要仔细对脓腔进行检查，发现有异物或坏死组织时，应小心避开较大的血管或神经而将其排尽。如果脓腔过大或腔内呈多房性而排脓不畅时，需切开隔膜或反对孔；同时，要避开大动脉、神经、腱等，逐层切开皮肤、皮下组织、肌

后退外侧磨伤发脓

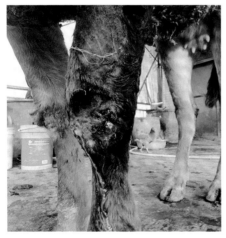

腕关节磨伤发脓

牛打标引起发脓

肉、筋膜等，可用止血钳将囊腔壁充分暴露于外。切开脓腔，排脓时要防止二次感染。对于位于四肢关节处的小脓肿，由于牛的肢体频繁活动，所以切开口不易愈合，一般采用注射器排脓，然后再用消毒液（如0.02%雷佛奴尔溶液、0.1%高锰酸钾溶液、2%～3%过氧化氢溶液、络合碘、生理盐水加青霉素等）反复冲洗，最后注入抗生素，这样治疗需要经多次反复，可痊愈。另外，当出现全身症状时，需对症治疗，及时地应用抗生素、补液、补糖、强心等方法，使其早日恢复。

55. 为什么要给牛修蹄？

牛修蹄是指利用刀、剪、锯、锉或修蹄机等器械，使牛蹄的形状及其生理功能得到恢复的一种技术。修蹄是母牛和种牛养殖户在日常养殖中必做的工作之一，一般每年至少要对成年母牛和种牛进行2次修蹄，其目的是去除过度生长的角质、复原蹄趾间的均匀负重和去除蹄趾损伤。另外，90%以上的牛跛行是由蹄匣异常而引起的，定期对牛修蹄可以大幅度降低牛跛行现象的发生。如果处理不当，甚至会导致牛淘汰，造成较大的经济损失。

（1）对牛进行修蹄作用

①合理而及时的修蹄，以防止蹄变形程度加剧而导致肢势改变。

②已发生蹄病的牛有治疗功效。当趾间腐烂、蹄糜烂及腐蹄病发生后，经修治，能促使蹄病痊愈。

③提高生长速度和产奶量。增加母牛利用年限，降低淘汰率。修蹄能有效防治牛蹄病，保护牛健康，因此，要对牛进行及时修蹄。

（2）修蹄方法

首先把牛保定在四柱栏或六柱栏内，规模大的场可以购置一台专门的修蹄架；将牛蹄吊起，术者站立于所修蹄的外侧，根据不同蹄形及病情，分别进行整修。

①长蹄。用蹄刀或截断刀将蹄趾过长部分修去，并用修剪刀将蹄底面修理平整，再用锉将其边缘锉平，使其呈圆形。

②宽蹄。削去蹄趾间多余角质层。牛蹄如果长期不进行修整，蹄底趾缝间有可能堆积起过多的角质层，影响牛蹄的健康。可以使用修蹄刀削去多余的角质。

③翻卷蹄。将翻卷蹄底内侧增生部分除去，用锯除去过长的角质部，最后锉其边缘。

④腐蹄、蹄趾间腐烂。首先根据其蹄形变化，将蹄底修整平后，腐蹄病要尽早彻底治疗。如果造成蹄壳脱落、腐烂深入、母牛站立困难就不得不淘汰。

（3）修蹄时应该注意以下事项

①正常牛前蹄匣长 7.5～8.0 厘米，后蹄蹄前壁长 7.5～8.5 厘米，蹄底厚度 5.0～7.0 毫米，牛蹄底部不能修得太薄，特别是不能削出血，否则会伤及牛的知觉神经。

②对已经跛行的病牛，应先修病蹄，再修健蹄；修蹄过程要尽量迅速，切勿拖延时间，以防止牛被绑定在修蹄架时间过长，牛腿麻痹，无法承受身体重量，而导致瘫痪，如果牛暂时无法站立，可以使用适度刺激，协助牛站立。

修蹄工具

牛只保定

固定牛蹄 　　　　　　　　　　修前蹄

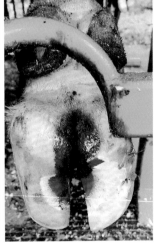

修除多的角质 　　　　　　　　患部涂药

　　③修蹄应在雨季来临前，过早修，蹄部角质坚硬而难以去除；完成修蹄后的牛，应将其置于清洁、干燥的圈舍内，从而保证牛蹄部的清洁，防止感染。

④刚修过蹄的牛由于蹄部角质脆弱，所以在最初的 2 个星期内不应长时间在水泥地面上走动，否则可能会引起新的牛病。

56. 如何治疗牛蹄病？

随着近年来养牛业的迅猛发展，各地养牛场、个体养牛户明显增多，而牛蹄病是常见、多发、治疗时间较长的疾病，牛蹄病的发生原因和临床症状有如下几种：

（1）发生原因

①牛舍不干净、潮湿，牛蹄长期浸泡在粪尿中。

②长途运输、转移牛舍、绳索的摩擦、尖锐物的刺激，如玻璃、铁丝的划伤，牛相互踩伤等。

③牛的蹄部受机械外力或化学等因素影响，使皮肤受损，失去保护能力。

（2）治疗方法

①除去病因，保持患部干净，减少分泌物的刺激，促进炎症的消散，注意护蹄。患部剪毛，用肥皂水或新洁尔灭清洗，根据不同情况采用不同的治疗措施。

②病初用防腐、收敛和制止渗出的药物，可涂龙胆紫、1％高锰酸钾溶液，新鲜创可涂碘酊等并包扎。

③对化脓性的可用3％过氧化氢，或1％高锰酸钾、双氧水、络合碘、新洁尔灭溶液彻底冲洗，除去坏死组织及脓性分泌物，患部涂抗生素软膏后用络合碘浸泡过的绷带做引流和包扎。

④当患部组织溃疡、皮肤组织过度增生，可先除去坏死组织，切除过度增生物，用高锰酸钾粉研末或 10％硫酸铜等进行腐蚀，使其达到止血消炎、收敛的目的，流血过多必要时进行烧烙止血。

⑤除去局部疗法外应注意全身症状，当患部有明显机能障碍

时，肌内注射镇痛药物并配合普鲁卡因青霉素局部封闭疗法。

57. 什么是牛猝死症？

牛猝死症是由于牛感染产气荚膜梭菌（又称魏氏梭菌）的一种急性传染病，呈急性发病经过，病牛通常没有表现出任何症状就突然发生死亡，该病往往呈散发，且具有一定的地区性。养牛生产中时有发生，各个年龄段的肉牛均可发生，但膘情良好的牛具有较高的发病率，全年都能够发生，常见于春末夏初时节，给肉牛养殖造成不小的经济损失。病牛往往突然发病，病程通常可持续几小时至 24 小时不等，有时能够达到 48 小时。病牛体温基本没有变化，呼吸困难，有时口流白沫，肌肉震颤，有时死亡后会有白色液体从口、鼻及肛门流出。

由于该病发生急，病程持续时间短，很快就死亡，大部分来不及治疗就死亡。对于病程持续长的病牛，要立即大剂量使用抗生素、磺胺类药物以及强心剂进行对症治疗，常大剂量静脉输液，用生理盐水、葡萄糖、强心剂、维生素 C 等药物，减少死亡。如是该病流行发生的地方，可以接种梭菌疫苗预防。

四、当前肉牛养殖前景及主要盈利模式

1. 肉牛养殖优势在哪里？

（1）肉牛市场前景好

历史数据显示，牛肉价格的波动较小，并未经历过重大波动，而且呈现出向上波动幅度大，向下幅度小的特点。分析其原因主要有以下几点：一是国内市场需求空间大，目前，我国人均牛肉消费量远远低于世界平均水平。二是随着牛肉质量的提高和市场营销网络的健全，我国牛肉出口潜力增大。三是在人工成本增加、饲料价格上涨、肉牛供应偏紧等因素的影响下，肉牛价格必将维持在较高位点，养牛效益也终会与肉牛养殖周期长、高投入的特点成正比，实现稳步提高。

（2）肉牛养殖风险低，有保障

在畜牧行业里肉牛养殖算是较稳定的。比较猪、鸡等养殖，得病概率低，市场价格稳定。没有出现过非常不正常的价格变化，牛是草食动物，可以利用荒山荒坡草场放牧，可以利用秸秆养殖，因而体格健壮，牛疾病较少，要比养猪、鸡风险低。

（3）肉牛养殖荒山荒坡多，草场面积大，秸秆资源丰富，为养牛提供了便利条件。

牛是草食动物，以食粗饲料为主，近年来，我省农村的荒山荒坡多了，草场面积大了，同时，我省正在实施秸秆综合利用项目和重金属污染治理项目，粮食作物秸秆非常丰富，这都为发展养牛提供了方便的条件。

2. 养牛不赚钱的主要原因有哪些？

养牛前景十分被看好，然而养牛赚钱却不太容易，有超过一半的养牛户都难以获得理想的收益，甚至还可能会倒贴钱，这显然与养牛产生的前景相差甚远，这让养牛户很苦恼，那么养牛不赚钱的主要原因有哪些？我们认为有以下原因：

（1）良种牛少，买牛比养牛难

肉牛良种率低，改良肉牛比例仅占 20%～30%，且多为杂交一、二代后代，部分杂交品种也没有严格按照良种要求进行杂交，生产性能低，牛群整体品质差，与发达地区改良牛比例 90% 以上的差距很大。养殖的品种多为地方黄牛湘西黄牛、湘南黄牛，虽然具有耐粗饲、抗逆性好、肉质较佳等优点，但还存在着生长速度慢、胴体产肉少、经济效益差等诸多缺陷。因此，养殖户纷纷去外地购牛，但买牛比养牛难，相信不少养牛户都有这样的感觉，一是价格与质量难把握，一些牛贩子报价特别低，品种又好，给人一种"捡漏"的感觉，可真要买牛时价格却又高得离谱，甚至一头牛比市场价格还要高一两千元，品种还不好，可以说几乎每个新入行的养牛户都交过类似的学费。二是应激与发病难防控，不少牛在引进后会大量发病甚至死亡，死一头牛需要数头牛的效益来补，一旦伤亡率较高肯定难以赚钱，许多养牛户多将其归结为应激或水土不服的原因，这是一个错误的认知，应激与水土不服仅能算作诱因，根本原因为牛本身携带病，例如对养牛业危害比较大的牛传染性胸膜肺炎（简称牛传胸、牛肺疫或烂肺病），在疫区牛感染本病后只要饲养管理得当可能没有症状表现，但经过长途运输与环境变化便会出现发病，这种应激发病对养牛户造成危害很大。

（2）生产方式落后，饲料不均衡供给

当前，肉牛饲养以农户散养为主，一般饲养十几头或几十头，大部分仍沿袭了传统养殖耕牛的饲养方法，饲草季节性供应不平衡的矛盾突出，有的在冬季甚至将牛关在栏舍里仅喂给干稻草，冬天牛不长膘甚至掉膘。条件稍好点的农户，也只用麸皮、玉米拌料补饲，肉牛饲养周期长，出栏体重小，育肥质量差，饲料转化率低，效益差。

（3）肉牛养殖知识贫乏，饲养管理粗放

一些养殖户不懂养牛，缺乏科学养殖知识。表现在①不知道饲养什么品种，引进病牛和品种差的牛时有发生；②肉牛饲料搭配不合理，在基本的营养成分如能量、蛋白质和钙、磷不足或不平衡的情况下，总是寄希望于饲料添加剂或增重剂能大幅度地提高肉牛的生产效率；③养殖户随意添加尿素，不科学的添加量及饲喂方法，造成肉牛中毒或死亡；④不分青草种类大量饲喂，造成瘤胃臌气，甚至危及生命；⑤将长时间堆放的菜叶、青绿饲料喂牛，造成亚硝酸盐中毒；⑥青贮技术不成熟，又不注意防霉变，致使一些牛吃了霉变饲料而死亡；⑦不能保证原料质量，饲料种类与配方差别较大，饲料转化率低；⑧忽略引进牛的适应性及对杂交牛的养殖技术掌握不够，导致养殖亏损；在肉牛育肥方面，除一些规模育肥场外，小规模分散育肥场普遍存在着品种代数、年龄、饲草料日粮混杂，育肥技术参差不齐，有的未经育肥，直接上市屠宰，效益低。⑨母牛养殖户在犊牛早期普遍采用粗放的"吊架子"方法饲养，没有科学补饲和断奶，导致犊牛早期生长发育不良，直接影响到其中、后期的育肥效果；⑩养殖户过度依赖抗生素的防病作用，混用、加大剂量使用抗生素普遍存在。

一些养殖户也不懂养牛管理，缺乏科学饲养管理知识。表现在①良种不良法，良种牛营养达不到饲养要求；②饲喂无规律，喂牛时早时晚，喂料时多时少，经常变换饲料，造成牛瘤胃微生物紊乱，影响消化吸收，不利于生长；③在牛价高时，"把牛当猪喂"，短期内大量补给玉米精饲料快速育肥，结果导致酸中毒。④圈舍简陋，夏季舍温偏高，冬季舍温偏低，舍内粪尿不及时清理，潮湿、多刺激性气体，牛体脏污不刷试，不晒太阳等影响肉牛的生长发育。⑤未按肉牛的生理状态进行管理，育成牛、妊娠牛、空怀牛与育肥牛不加区别，均采用同样的饲养管理方式，造成肉牛生长发育不科学。

（4）选址不科学，饲草料缺乏

有的养殖户选址，没有选有足够的草山草坡放牧，也没有选有丰富的农作物秸秆糟渣类的场址，以致优质饲草缺乏、草畜不配套。牛群缺草缺料，"既未吃饱又未吃好"现象普遍存在。有的靠人工种草，外购草料，成本高，严重制约着肉牛养殖效益。

（5）消毒不到位，疫病防控意识差

多数养牛户无消毒意识，即便周围环境极其污浊仍常年不消毒或消毒措施不严格，牛发生疾病概率增加。一些养殖户防疫意识不强，认为牛的饲养密度不如鸡、猪大，牛的抵抗力强，防疫可有可无。以致一些地方传染病如口蹄疫、布氏杆菌病、传染性胸膜炎等疫病时常发生。再就是很少给牛驱虫，由于牛采食牧草和接触地面，体内外常感染寄生虫，如各种线虫、疥螨、硬蜱、牛皮蝇等，使得日增重下降，饲料转化率降低，影响效益。

3. 肉牛养殖主要盈利模式有哪几种？有哪些案例？

（1）短期集中育肥模式

短期集中育肥模式是指从架子牛过渡到育肥场，经过8～9个月的短期集中育肥，使之快速达到增肉、增膘的目的。市场调查表明，大部分饲养户采取育肥模式可以从中获得利润。案例：某养殖场购进架子牛 100 头，平均体重 260 千克，集中短期育肥 240 天，日均增重 1.3 千克，每头牛出栏体重平均可达 572 千克（增重 312 千克），按当前保守的市场收购价格 36 元/千克计算，该批牛销售收入为 205.92 万元（572 千克×36 元/千克×100 头），去掉购牛成本 114.4 万元（260 千克×44 元/千克×100 头）和养殖成本 36 万元〔精料、草料投入 36 万元（15 元/头·天×240 天×100 头），人工费为 4.8 万元，应激处理费（5 万元＝500 元/头×100 头），防疫检查费 1.5 万元（150 元/头×100 头），水电费投入 2.4 万元（1 元/头·天×240 天×100 头）〕，可获纯收益 41.82 万元。

（2）母牛养殖与育肥相结合的自繁自养模式

自繁自养模式就是养殖场养母牛来生产牛犊，然后再对牛犊进行育肥，自繁自养模式不仅能避免因从外地买牛带进的传染病，而且可以降低养牛费用，利润较高而且稳定。特别是近年牛犊价格大幅上涨，其涨幅已经远超成年育肥牛，因此未来自繁自育是一大发展趋势。不过自繁自育所需投资大、周期长，许多养牛户不愿意采用这种模式。市场调查表明，大部分饲养户采取自繁自养模式可以获得较好利润。

案例：某养殖场 50 头母牛，购买 600 斤的青年母牛，饲养 2~3 个月进行配种，所产牛犊养至 18 个月进行出栏，前前后后差不多需要 2.5 年的时间，1 头母牛 1 年放牧补饲大约需要 1000 元的饲养成本，牛犊断奶到出栏大约需要 5000 元的饲养成本，按繁殖率 85% 算，2.5 年后约出栏牛 43 头，该批牛养殖成本 52.5 万元（母牛精料草料投入 12.5 万元＜1000 元/头·年×2.5 年×50 头＞，犊牛至出栏牛精料草料投入 21.5 万元＜5000 元/头×43 头＞人工费为 15 万元＜3 万元/人·年×2.5 年×2 人＞，防疫检查费 3 万元，水电费投入 0.5 万元），销售收入为 77.4 万元（500 千克×36 元/千克×43 头），2.5 年后可获收益 24.9 万元，其中不包含购母牛成本和基础设施建设分摊费用，当然，第4年的利润要高些，因为妊娠母牛饲养成本已计算到前一年。

（3）循环经济家庭农场养殖模式

循环经济家庭农场养殖模式，没有固定的模式，每个养殖场都可根据实际情况选择合适的方式来实现这一目标。以肉牛生产为核心的生态循环经济养殖模式，其关键是大量牛粪尿及污水的合理处理与利用，实现生态循环，产生高的附加值或延伸产业链。可以利用牛粪尿生产有机蔬菜、高档花卉，进行沼气生产、双孢菇种植，以及开展生态旅游等，在全国都已有成功的案例。市场调查表明，大部分饲养户采取循环经济家庭农场养殖模式可以获得较好利润。

案例：某养殖户，一家四口人，均为劳动力人口，父亲在当地从事牛品种改良工作，人工授精牛每年300头，每头收费200元，回购250千克杂交架子牛50头进行育肥，每头牛按12000元回购。母亲和媳妇在家饲养管理，儿子负责牛粪养蚯蚓，蚯蚓做主要饲料散养土鸡2000只，并承包20亩土地，其中10亩用于种植青贮玉米，10亩种植果园。据调查，不计算人工工资，年收入为109万元（人工授精年收入6万元，育肥牛年销售收入80万元，土鸡年销售收入20万元，果园年销售收入3万元），年开支为83.5万元（人工授精年开支1万元，育肥牛年购牛饲养开支65万元，购土鸡及年饲养开支16万元，果园年管理施肥开支1.5万元），可获纯收益25.5万元。

4. 肉牛养殖主要盈利模式应注意哪些问题？

（1）短期集中育肥模式应注意哪些问题

短期集中育肥模式应该有以下策略措施：一是合理选择优良的肉牛品种，可以选择肉牛种群中改良的西门塔尔、安格斯、夏洛来、利木赞等高代杂交的肉牛品种，然后从其中选择健康无病、体重在 250 千克以上、年龄在 1 周龄以上未去势的公牛，要个体体型健硕、四肢粗壮、眼亮有神、食欲强、采食量大、四肢粗壮以及被毛光亮。二是要保持牛舍环境的清洁，对牛舍的粪便等要做及时的无公害处理，并时常通风，牛舍内温度控制在 5℃～20℃，温度过高或过低，都会对肉牛的增重造成不良影响，造成肉牛掉膘。三是在肉牛育肥前对其体内外寄生虫的驱除工作也是十分必要的。四是对肉牛的饲养管理要保证营养、饮水充足，多以精料糟渣干草类为主，做到定时定量饲喂，减少运动。五是选好肉牛的出栏时期，要根据实际情况合理选择出栏时期，一般而言，肉牛进行快速育肥的出栏时期为 8～9 个月，此时经过育肥后的肉牛已达到膘肥体壮，屠宰率达 60％左右，这个时候应结合肉牛的市场价格选择将其迅速出售。

（2）自繁自养模式应注意哪些问题

自繁自养模式应有以下策略措施：一是自繁自育养殖周期长，要根据自身情况合理安排母牛、育肥牛的养殖数量，第 1 年建议母牛、育肥牛比例为 3∶7 或 4∶6，赚到钱后再慢慢扩大母牛养殖数量。二是引种购牛，尽量就近引种，要选生长发育好，体格健壮，体大匀称，背腰平直，后躯及骨盆腔对称宽大，胸部宽深，腹圆大不垂，四肢端正，两后肢间距离宽，乳房大圆，乳头排列整齐且粗长的母牛进行养殖。品种以安格斯和西门塔尔杂交牛为好。三是在饲养过程中，要让母牛保持适当运动，最好采用全天候放牧饲养，冬天枯草期和母牛产犊前后注意适度补充精料，保持中等膘情体态。四是掌握母牛发情时间，做到适时配种，保证繁殖率。五是要分阶段饲养，母牛和架子牛以放牧为主，当架子牛达到 1 岁，250 千克左右时，转入舍饲育肥。

（3）循环经济家庭农场养殖模式应注意哪些问题

循环经济家庭农场养殖模式应有以下策略措施：一是项目投

资理念与顺序要理清，先把有收入，循环经济前段产业如养殖、品改项目放在前面，收益慢的，循环经济后段产业如果园、蚯蚓养鸡放在后面，这样投产后就有收入，保证后面产业有资金和资源供应。二是不能生搬硬套，要请好专家结合当地实际进行规划设计，少走弯路，统一规划、逐步实施。三是以养牛为核心的家庭农场，要充分利用粪便做沼气肥料供农场使用，种植牧草、有机蔬菜、水果，利用放牧与补饲相结合的方式，做好人工种草和饲草料储备，用牧草喂牛减少饲料成本，又使肉质更好，形成种养结合、实现生态循环养殖。四是要做到自产自销，形成非常明显安全放心的特色，增加效益。

5. 提高牛场经济效益的主要措施和途径有哪些？

（1）合理选择牛场场址，利用资源养牛

一是要选择水、电、路基本条件较好，基础设施投入不大的地方；二是选择在非禁养区，远离主要交通公路，远离饮水源区，远离居民区、化工厂等地方，距离要求在 1000 米以上；三是牛场建设区选择在非基本农田、非公益林地带；四是选择有放牧草山草坡充足或农副产品丰富的地方。

（2）合理选择肉牛品种，利用良种化观念养牛

养殖户应根据当地的地理特征、环境资源、市场需求、养殖模式等情况，综合分析各品种的适应性、生产力等特点，选择最合适的品种。一般养母牛，资源条件好、放牧草场坡度小的选择西门塔尔杂交牛较好，资源条件一般、放牧草场坡度大的选择安格斯杂交牛较好，一般养育肥牛，可以选择利木赞、夏洛来、西门、安格斯、德国黄等杂交牛，如品牌或销售特别需要，可以选适宜区域目标定位的地方肉牛品种。

（3）合理选择养殖模式及养殖规模，利用专业化观念养牛

　　养殖户一定要根据自身的经济条件结合自然条件来进行科学合理选择养殖模式。农牧户个体养殖数量在30～50头或10～20头的养殖户，一般选择自繁自养＋放牧养殖模式，有条件的可以选择循环经济家庭农场养殖模式。专业规模化养殖有集中连片草场的可以选择自繁自养＋放牧养殖模式，有一定养殖经验和交易牛经验的养殖户可以选择短期集中育肥模式。大型规模化养殖公司可以选择短期集中育肥模式，有条件的可选择产业化现代化经营模式。

　　（4）学习现代养殖技术，利用技术科学养牛

　　养牛要想获得高效益，就必须科学饲养。科学养牛技术很多，那么我们怎样学呢？我们可以上网学，可以从书本上学，可以跟师傅学，也可以在实践中学。科学养牛技术有哪些呢？一是科学的饲喂技术。要定时定量，母牛尽量吃好吃饱青绿草料，育肥牛尽量吃好吃饱多以精料糟渣干草类为主的草料，适当添加尿素、碳酸氢钠（小苏打）、多种维生素、矿物质、微量元素等添加剂，提高饲料利用。二是驱虫和防病技术。搞好牛舍、牛体的清洁卫生和消毒工作、保证牛饲料及饮水卫生安全、驱虫，及时接种口蹄疫、流行热、牛出败（巴氏杆菌）、牛结节性皮肤病等疫苗，搞好疫病的预防，掌握简单疾病的治疗兽医技术。三是栏舍建设技术。要简单经济实用，规划布局合理，生活办公区、生产区（草料储备）、粪污处理区、防疫区（隔离、进出口）等功能分区明显，符合生产和环保要求，附属建筑要满足牛场需求，牛舍要求冬暖夏凉，便于机械化作业，地面要求防滑、易干燥。四是青贮技术。要求做到牧草营养价值的最高峰期适时刈割收割，刈割后揉搓秸秆呈3～5厘米长丝、条状，然后压紧密封，注意保证合适的含水量和含糖量，可以添加食盐0.1％～0.3％、乳酸菌等添加剂。五是牛源引进技术。引种前要做好准备工作，包括运牛车辆、圈舍消毒、饲料、疫苗、人员等，并选择好引种

季节，引种时要了解品种特性，选择符合品种标准质量要求和自己需求的品种，并查看调出牛的档案和预防接种记录，然后进行群体或个体检疫，进行挑选。装车前，必须经过当地动物防疫监督机构实施检疫，并取得合格的检疫证明，方可启运，保证引进的牛只健康无疫病。运输途中，不准在疫区停留和装填草料、饮水及其他相关物资，押车员应经常观察牛的健康状况，发现异常情况及时处理。购入的牛，进行全身消毒和驱虫后，方可入场内，但仍要隔离200～300米以外的地方，在隔离场观察20～35天，在此期间进行群体、个体检疫，进一步确认引进肉牛体质健康后，再并群饲养。六是牧草种植技术。七是科学育肥技术。八是繁殖技术（注：牧草种植技术、科学育肥技术、繁殖技术其他章节已详细介绍，此章节不再重述）。

（5）强化管理，利用科学管理精打细算养牛

只有养好牛才能多赚钱，而饲养管理又是养好牛的关键，所以一定要做好饲养管理，养牛才能多赚钱。笔者认为采用"九管"管理方式可以大大提高管理效益，一是要管好牛。管好母牛的繁殖率、犊牛的成活率和育肥牛的日增重，让这三个指标达到理想要求。二是要管好人。让每个员工定岗、定编、定责，做到分工明确、合理。三是要管好草。种植的牧草产量要到达合理产量，种植面积和备用草贮量要做到草畜配套。四是要管好料。草料配比要科学，添加量要合理，做到草料饲喂既满足营养要求又不浪费。五是要管好钱。要做好成本核算，预留流动资金，算好牛场开支和收益。六是管好硬件。做到牛场建设合理、设备齐全，作业流程顺畅，便于机械化，减少人工成本。七是管好制度。制订各类科学管理制度，建立绩效机制，做到有奖有罚。八是管好宣传。学会营销技巧，建立自己营销团队，拓展销售渠道，树立自己的品牌。九是管好风险。预防牛只疾病、减少自然灾害和生产安全事故发生，做到安全生产。

图书在版编目（ＣＩＰ）数据

母牛高效养殖实用技术问答 / 张佰忠，宋武主编.-- 长沙：湖南科学技术出版社，2021.10

ISBN 978-7-5710-1161-1

Ⅰ.①母… Ⅱ.①张… ②宋… Ⅲ.①母牛－饲养管理－问题解答 Ⅳ.①S823.04-44

中国版本图书馆 CIP 数据核字(2021)第 168023 号

MUNIU GAOXIAO YANGZHI SHIYONG JISHU WENDA

母牛高效养殖实用技术问答

主　　编：张佰忠　宋　武
责任编辑：欧阳建文
出版发行：湖南科学技术出版社
社　　址：长沙市芙蓉中路一段 416 号泊富国际金融中心
网　　址：http://www.hnstp.com
邮购联系：0731-84375808
印　　刷：长沙新湘诚印刷有限公司
　　　　　（印装质量问题请直接与本厂联系）
厂　　址：长沙市开福区伍家岭街道新码头 9 号
邮　　编：410008
版　　次：2021 年 9 月第 1 版
印　　次：2021 年 9 月第 1 次印刷
开　　本：850mm×1168mm　1/32
印　　张：4.75
字　　数：115 千字
书　　号：ISBN 978-7-5710-1161-1
定　　价：25 元